百科大探索
CHILDREN'S ENCYCLOPEDIA

动物传奇
ANIMAL LEGENDS

U0392247

青岛出版社
QINGDAO PUBLISHING HOUSE

目录
CONTENTS

ANIMAL LEGENDS

仔细阅读本章，你就能回答出以下问题：

鬣狗喜欢在白天还是晚上捕猎食物？

鬣狗能杀死非洲野水牛，这是真的吗？

有时候，鬣狗能发出笑声，这有什么作用？

鬣狗家族过的是母系群居生活，对吗？

族群内部有争斗

在鬣狗的世界里，雌性为尊，不可逾越。奥提从出生起，就被冷落在一旁，无论是争夺王位的姐妹，还是母亲女王，都不喜欢他。为了获得母亲的认可，他勇敢地与狮子搏斗，变得越来越强大。后来，他邂逅了温柔的雌鬣狗贝蒂，可惜他们的家族是势不两立的死对头。在双方争斗中，奥提失去了贝蒂，挽救了母亲的生命，但是……

流浪王子

·岑妙雪

苍白的日光透过猴面包树稀疏的枝叶洒在奥提身上，像是给它浑身是伤的躯干裹了一层银白色的绷带。奥提虚弱地躺在猴面包树下，呼哧呼哧地喘着粗气，全身都在抖动着。它右后腿的爪子只剩下残缺的皮毛粘连着，原本汩汩涌出的鲜血已经冷却，身上沾满了泥沙。奥提幽幽地凝望着日光下模糊的一切，挂着血丝的眼帘吃力地一睁一闭，过去的一幕幕在脑海中不断闪现……

奥提的家族由四十多条鬣狗组成，母亲雅迪是族群的女王，从安身的洞穴到食物的分配，雅迪都有绝对的支配权。在鬣狗的世界里雌性为尊，即使是女王的儿子，地位也在其他雌性鬣狗之后，不可逾越。奥提就是一只雄性鬣狗，它的性别决定了它低下的地位，但它的血液却为争取地位而流干……

1

几乎所有的热带植物都生有像巨网一样的根系，深深地扎进干旱贫瘠的土地里，尽最大的可能吸取每一滴水分。难得的雨水对非洲的所有生物来说都是生命的源泉。非洲植物会在雨季使劲撑开所有的叶面，鼓起全身的脉络，贪婪地吸取来之不易的甘泉。鬣狗奥提就是出生在这样一个生机勃发又充满竞争的季节里。

与奥提同胎出生的还有它的姐姐吉娜、妹妹米娜。雌鬣狗的女王之位都是从母亲那里世袭过来的。为了确保自己的地位万无一失，吉娜决不允许竞争者的存在。一天夜里，趁着雅迪带领族群外出狩猎，吉娜与米娜在洞穴里展开了残忍的生死之战。奥提蜷缩在一旁，胆怯地看着这场血腥的自相残杀。最后，弱小的米娜敌不过强悍狡黠的姐姐，败下阵来。她浑身淌着血，窝在洞穴最深处的黑暗里瑟瑟发抖。吉娜则卧在另一端，舔着伤口。

踩着清晨的薄雾，雅迪带领着族群凯旋而归。可她叼在嘴里的肉还没放下，就被洞穴里的情景惊呆了：米娜瘫倒在角落里已经不能动弹；吉娜呜呜地蹒跚着走到雅迪面前趴下，一边舔着自己的伤口，一边不时抬头向奥提嗷嗷叫；奥提站在洞口迎光的位置，无辜地看着母亲。悲痛与愤怒充斥在雅迪脑海里，她来不及弄清事实，只相信眼前看到的一切！雅迪把肉狠狠地摔在地上，一口咬住奥提的小脑袋就往洞穴外甩去！可怜的奥提被重重地抛出了温暖的洞穴……狡黠的吉娜成功地把这一宗"谋杀案"嫁祸给了奥提。

从此以后，不管奥提如何讨好雅迪，都遭到冷漠对待。妈妈每次猎食回来都会把最美味的部分给姐姐，奥提只能吃到姐姐剩下的一些骨头，有时甚至没得吃。有一次，鬣狗群捕到了一头大水牛，吉娜将大大的肝脏吃了一半就跑开玩耍去了。奥提费了九牛二虎之力才把剩余的部分从其他小鬣狗口下抢出来，可刚吃了没几口，就被妈妈狠狠地按倒在地，直到他把吃进去的全部吐出来。其他鬣狗也没有给他好日子过，常常把他当成练靶对象，还经常在他面前扬尾巴，在他的洞口附近撒尿，宣示自己的地位。更糟糕的是，还没等到奥提可以独立生活，妈妈就把他赶出了洞穴……

奥提以为是自己做得不够多、不够好，才不被尊重、不被重视。他始终相信，等他强大起来，为族群建功立业的时候，大家就会对他刮目相看，母亲也一定会以他为荣。此后每次狩猎奥提都冲在最前面，它解救了误入蛇穴的桑吉，面对前来挑衅的其他族群更是首当其冲……在一次夜间偷袭角马群的战斗中，吉娜遭到好几头角马的围攻，所有鬣狗都被角马愤怒的哞叫声震住了，不敢上前。雅迪围着角马不停地转圈，试图寻找突破口，却一次次被踢出来。奥提再也按捺不住了，他猛地冲向角马群，从后面狠狠咬住了一头角马的屁股。角马疼得四蹄狂踏，冲开了一个缺口，奥提顺势从缺口冲进包围圈，把吉娜救了出来。

吉娜脱险后，奥提低着头走到母亲跟前，以为这次总能得到肯定，哪怕只是一个眼神。可雅迪却只顾安抚受惊的吉娜，看也不看奥提一眼。突然间，一声角马的嘶鸣传来，吉娜应声而起，吓得跑来窜去，雅迪拦也拦不住。奥提一个箭步冲到吉娜面前想要拦住它，却不小心将她扑到了旁边的石头上。奥提这下子傻了眼，看着鲜血从吉娜的脑袋汩汩流出，他连呼吸都颤抖起来。吉娜躺在地上不断地抽搐着，没过一会儿

知识小链接

鬣狗是夜行猛兽，白天在自己的洞穴或草丛中休息，夜间四处寻找食物。有时单独猎食，有时成群出动。斑马、瞪羚、角马等中大型草食动物都是它们成群进攻的目标。有时它们甚至可以杀死半吨重的非洲野水牛。

就断了气。雅迪见状，脑袋如五雷轰顶般炸开。她低吼着，疯狂地朝奥提扑去，狠狠地在他身上又咬又抓，似乎要将他撕成碎片。其他鬣狗也不由分说地凑上来乱咬一通。

奥提本能地挣扎着跑出来，四条腿岔开，稳住摇摇摆摆的身体。远远地看着冷漠的雅迪，再环视这群熟悉又陌生的"家人"，奥提内心充斥着不被理解的悲凉和误杀吉娜的内疚与沮丧。最终，他毅然转身，艰难地迈着步伐离开了……

2

鬣狗通常是成群围猎，那样11次中就可能有8次成功。而单独行动，收获往往不大，5次捕猎能成功1次就不错了。只身流浪在外的奥提过着有一顿没一顿的日子，打不过豹子，杀不了水牛，跑不过斑马，抢不过秃鹫，即使是四处捡捡腐肉、骨头，也会被其他族群的鬣狗驱赶……

一个漆黑的夜晚，几经搜索，奥提终于在草丛里找到几块粘连着丁点儿肉末的骨头。此时，窸窸窣窣的草丛里，一双眼睛正盯着奥提。

没错，柳瓦夫人来了。

柳瓦夫人是这片草原上唯一的母狮子。大约十年前，这片草地遭到了捕猎者的入侵，它们猎杀了草原上数千只动物，用动物身上珍贵的皮毛换取肮脏的钱财。据说，柳瓦夫人的同伴全部死在了猎人的枪口下，只有她奇迹般地生存了下来。可见，她的生存技巧很不一般。

柳瓦夫人深知鬣狗通常是群体作战，面对奥提，孤军奋战的她不敢轻举妄动。她围着奥提转了一圈又一圈，见始终没有援兵赶来，才一步一步走上前。

奥提发现了这个不速之客，立马把骨头压在身下。柳瓦夫人探过头想去抢，奥提顺势一口咬上她的脸颊。这倒让柳瓦夫人感到意外，她大吼一声扑向奥提，在他背上狠狠地咬了一口。眼看着辛苦得来的骨头即将成为柳瓦夫人的囊中之物，奥提不甘心地再次扑过去，却被柳瓦夫人厚实的爪子一把拍在脸上，留下三道血痕。他忍着痛继续上前，

又被柳瓦夫人咬住胸膛！年幼的奥提终究不是柳瓦夫人的对手。他拼命挣扎开，眼睁睁地看着骨头被啃光，心里别提多沮丧了。

奥提终于意识到，要与更强大的力量抗衡，必须赶紧让自己强大起来！此后的每次捕猎，奥提都格外投入。经历了一次次的追逐、扑咬、厮杀，奥提的能力日渐提升，日子慢慢好过了一些。只是每当夜幕降临，草原深处传来鬣狗群的号叫时，总有一种不可抗拒的孤独与寂寞涌上心头。

熊熊的烈日炙烤着草原上的一切，奥提躺在一棵猴面包树下乘凉。一群斑马在奥提面前慢悠悠地晃过，却没有引起他一丝的兴趣。突然，一阵热风吹来，泥土浑浊的味道里夹杂着一丝香气，令奥提怦然心动。他猛地站起来，四处张望，鼻翼不断抽动着寻找香气的来源。一只雌性鬣狗渐渐走入他的视线。只见那雌鬣狗一会儿不紧不慢地迈着步，一会儿轻盈跳跃，似乎在追逐着什么。随着她的跳动，棕黄色皮毛上的黑色斑点仿佛也有了生命。奥提看得出了神，眼睛里闪耀着从未有过的光芒，不由自主地走了过去……

雌鬣狗贝蒂刚满2岁，她的母亲是曼妮女王，统治着一个比雅迪家族成员更多、更强大的鬣狗族群。

知识小链接

鬣狗在进食中由于兴奋和争食，会发出阴森恐怖的笑声，令人毛骨悚然。因此，鬣狗在过去被认为是邪恶的、不吉祥的野兽。实际上这是对鬣狗的一种误解，那只是它们传递信息的一种方式。鬣狗通过耳朵、尾巴、声音互相传递信息，它们有时高声咆哮，有时爽朗大笑，有时低声哼叫，有时"咻咻"地笑，声音能传到数千米外。

3

　　天边最后一抹红霞渐渐隐去，一弯明月渐渐升起，将柔和的月光洒在奥提和贝蒂身上。贝蒂正温柔地为奥提舔舐着脖子上棕黄的毛发。忽然间，贝蒂"噌"地站起来，奥提脖子上的毛也炸开来，又大又圆的耳朵警惕地扇动着——是贝蒂家族的呼唤。贝蒂"离家出走"已经好几个星期了，"家人们"在呼唤她回归，声音中满是焦急。

　　黑夜中，幽灵般的冷光渐渐靠近，曼妮带领家族成员找来了。曼妮很快嗅出了奥提身上属于雅迪家族的味道，身上的毛发瞬间全部竖起，尾巴也撑起来，眼神里流露出愤怒的复仇火焰！

　　原来，曼妮家族与雅迪家族是势不两立的死对头。当年，曼妮的母亲凯丝与雅迪的母亲莎莉娜为争夺领土展开了一场恶战，双方死伤过半。凯丝也在那次战役中死去，留下年幼的曼妮早早地挑起家族的重担，吃尽苦头。但奥提和贝蒂对此一无所知……

　　看到自己唯一的继承人居然跟"仇人"的后代在一起，曼妮怒火中烧。一声令下，所有的鬣狗迅速将奥提和贝蒂结结实实地围了起来。不明所以的贝蒂耳朵往后紧紧贴平，圆圆的小眼睛一眨一眨不解地望着妈妈。曼妮龇着牙，恶狠狠地向奥提吠叫，似乎在警告奥提快点离开贝蒂。奥提不明白曼妮为何会是这般反应，但为了保卫自己的爱情，贝蒂已做好了应战的准备。曼妮再次下令，一时间，充满仇恨的厮打卷起了漫天的黄土，飞扬的尘埃遮蔽了夜空的明星，骇人的吠叫声响彻原野。

　　贝蒂不顾一切冲出包围圈跑到母亲跟前，把头低低地贴在母亲的胸膛上，一会儿舔着母亲脖子上竖起的毛发，一会儿蹭蹭妈妈的身体。可惜曼妮一直无动于衷，贝蒂倍感失落，转身想回去救奥提，却又被厮打在一起的鬣狗挡住。她六神无主地来回奔跑，一边跑一边悲凉地嗷嗷叫。忽然，她走到曼妮面前，直愣愣地看着母亲，又转头看了一眼被围打的奥提。就在曼妮还没摸清状况的时候，贝蒂一个狂奔，一头撞在了旁边的猴面包树上，顿时血如泉涌。

　　曼妮被吓得打了个哆嗦，飞奔到贝蒂身旁，不断地舔着贝蒂被鲜血模糊的双眼，一边用前脚推搡着贝蒂。奄奄一息的贝蒂喘着气，吃力地睁开眼睛，艰难地抬起头朝奥提看了一眼，然后伸出鲜红的舌头再一次舔着曼妮的前爪——这是最后一次恳求。曼妮竖起的毛软了下来，尾巴耷拉在两腿之间，"呜呜"地瞅着贝蒂，围着贝蒂不断地转圈，最后她卧倒在一旁，算是答应了。"啊呜——"一声尖利的长鸣响起，众鬣狗停止了打斗。

　　鬣狗群终于散去，奥提拖着受伤的身体来到贝蒂身边，尽管左耳被咬掉、前爪血肉模糊、身上深深浅浅的伤痕不计其数，但这远远比不了内心的伤痛。他面对着贝蒂躺下，等她醒来……

4

贝蒂最终再也没能睁开双眼。奥提如丢了魂儿一般，一连几天徘徊在他们最初相遇的那片草地，不吃不喝。内心深不见底的孤独让他不由得想起了妈妈。趁着家族出去捕猎的时候，他悄悄回到雅迪家族的领地，在母亲的洞口前来回走动，甚至不由自主地走进去，贪婪地嗅着那熟悉的气息。

就在这时，鬣狗们回来了。桑吉一下冲到奥提面前，用鄙夷的眼神上下打量着奥提。当初被桑吉羞辱的情景在奥提脑海中快速闪现，奥提突然扑上去，狠狠地咬住了桑吉的鼻子。他不停地摆着头，似乎要把桑吉的鼻子扯下来。又有几只鬣狗闻声赶来，迅速加入战斗。但几个回合下来，所有的鬣狗都被打得落花流水，桑吉更是躺在地上嗷嗷求饶。奥提以胜利者的姿态挺立在一块石头上，温暖的晨曦透过洞口照耀在它脸上，仿佛为他披上金黄色的斗篷。奥提这才发现，原来母亲一直都在旁边。他兴奋地冲上前，雅迪却转身离开了，留给它一个冷冷的背影……

皎洁的月光洒向大地，伴着温热的习习夜风，哞哞的水牛声在空旷的草原上空回荡，显得格外凄清。一头落单的小水牛正沿着河边有气无力地迈着步伐，看起来极度疲惫。

已经跟了他好久的奥提借着风声的掩护迅速上前，后腿用力一蹬，扑上去就咬住了水牛的脖子。他如饥似渴地吮吸着温热的鲜血，夺走了小水牛的最后一丝生息。正准备大快朵颐之际，他明显感觉到一束炙热的目光投向了自己。

柳瓦夫人又来了！她一眼就认出了这个孤独的流浪者，毫无顾忌地朝奥提扑过去。但这次，奥提可不是那么容易就能打败的了。十几个回合下来，两者势均力敌。正当二者再次扑打到一起的时候，远处传来鬣狗打斗的声音。奥提慌忙停下来屏息凝视，柳瓦夫人趁机在他脊背上狠狠地咬了一口。奥提回头鄙夷地看了柳瓦夫人一眼，在她腾空跃起再次发起攻击之时，使出浑身力量扑了上去，将她重重撞倒在地，紧接着将尖利的犬齿准确无误地刺进了柳瓦夫人的喉咙，鲜血倏地喷射而出。柳瓦夫人挥舞着前掌不断拍打着奥提，锋利的爪子在奥提身上留下道道伤痕，奥提忍住痛没有松口，直到柳瓦夫人瘫软在地。打斗声再次传来，奥提顾不上辛苦得来的水牛，抬起腿飞奔而去。

5

声音越来越近了，母亲和曼妮的身影映入眼帘。原来，曼妮家族的巢穴被大水淹没了，无家可归的他们徘徊到雅迪家族的领地附近，却被雅迪家族的哨兵遇到。于是，时隔多年之后，积怨已久的曼妮和雅迪再度开战。等奥提赶到的时候，鬣狗们正三三两两厮打在一起，不可开交。尖利的号叫一声高过一声，仿佛要将夜空撕裂。时间一点点过去，一只又一只鬣狗倒在河中，将河水染红。雅迪家族的鬣狗似乎快要撑不住了，雅迪也已经筋疲力尽。奥提在一旁看着母亲拖着被咬断的尾巴和满身伤痕一次一次地硬撑着冲上去，心头一阵阵发紧，紧得快要窒息。在奥提印象中，母亲似乎从未给过它一丝关爱，甚至还总冤枉自己。他为此伤心过、憎恨过、竭尽所能为自己证明过，可雅迪一次次的冷眼相对几乎将他推进绝望的深渊。但此刻，看着母亲无所畏惧地冲上去，为了捍卫自己的领土、为了整个家族的生存而奋不顾身，他似乎理解了，身处那样的地位，母亲肩负着整个家族的希望，自有她特殊的使命和责任。母亲那样对自己，也一定有不得已的苦衷。想到这里，奥提立马抖擞精神加入了战斗。也许，危难时刻的鼎力相助就是最好的证明。

奥提发疯似的撕咬着前来攻击的鬣狗，全然忘记了身上的疼痛。就在这时，一只鬣狗从河里跳起来，朝雅迪背上扑去，眼看他就要咬到雅迪脆弱的脖子，奥提飞身将那只鬣狗撞了出去。又一只鬣狗扑过来，一口咬住雅迪

的耳朵，摆动着脑袋狠命撕扯着，奥提则张开血淋淋的大嘴，扑过去一口咬住了鬣狗的鼻子。

接连击退了几只鬣狗的攻击之后，奥提跑到雅迪面前，心疼地舔舐着她的伤口。就在这时，曼妮带领着家族内几只强壮的雌鬣狗将奥提母子团团围住。看到曼妮的一刹那，贝蒂临死前那痛苦的模样又浮现在脑海。奥提胸口剧烈起伏着，眼中燃起复仇的火焰。母子俩背靠背站着，迎接着最后的战役。

短暂的对峙过后，曼妮腾空而起，直朝雅迪扑过去。眼看尖利的犬齿就要刺进母亲的身体，奥提一个转身，使出浑身力气将曼妮撞了出去。曼妮家族的其他鬣狗见状一哄而上，咬的咬，打的打。雅迪和奥提慌忙地应对着，曼妮一方明显占有数量上的优势。没过多久，雅迪就应付不来了，有气无力地瘫软到地上。奥提见状彻底着急了，发疯似的朝曼妮扑过去，顾不得嵌进肩膀的爪子带来的剧痛，死死咬住了曼妮的喉咙。曼妮抓住奥提肩膀的前爪渐渐松开，鲜血汩汩而出，奥提强忍着疼痛发出低低的哀号，曼妮应声倒地。

曼妮家族的成员见曼妮已经了无生息，不知所措地在原地踱着步，你看看我，我看看你，然后四散而去了。奥提来到昏睡过去的雅迪身边，疲惫地放下伤痕累累的身体，枕着雅迪的前腿沉沉地合上了眼睛……

草原上清晨的微风夹带着一股湿漉漉的凉气吹来，奥提不禁打了个寒战。他吃力地睁开眼睛，却发现雅迪已经不见了踪影。他硬撑着站起身，四处张望，只看到斑斑血迹和几具鬣狗的尸体。奥提难掩心中的失落，眼神瞬间黯淡。他原本以为经过昨晚那拼死一战，母亲可以重新给自己一个机会。

奥提并不甘心，他深一脚浅一脚地拖着身体朝家族的方向走去。一声接一声的叫声传来，奥提远远地望见仅存的几名成员正簇拥着桑吉。他终于明白，母亲去世了，哪怕吉娜也死了，最终登上王位的还是别的雌鬣狗，自己依然什么都不是。

在生命的尽头，也许只有与贝蒂相遇的地方还能给奥提最后一丝温暖。他慢慢地拖着伤痕累累的身体，转身朝那片熟悉的草地艰难地走去……

13

仔细阅读本章，你就能回答出以下问题：

古书中记载的「食铁兽」是什么动物？

在亚马孙蛙的天敌中，「无声杀手」指的是谁？

美洲豹的叫声和狼一样吗？

「适者生存」是丛林生存法则吗？

生存竞争，无处不在

在弱肉强食的自然界中，吃与被吃是一大主题。在将近一千年前的秦岭，熊猫细细吃竹子，吃竹鼠，还要与灰狼搏斗；在热带雨林，亚马孙蛙在从"长大成蛙"的过程中，要遭遇长尾燕、蓝水鸟、红扁嘴鱼和猫头鹰带来的一连串威胁；在亚拉特山谷，狼群里长大的辛格成为勇猛的狼王，可遇到美洲豹后，他才认清了自己的身份……

熊猫"细细"

●刘兴华

【一】

熊猫细细于1234年出生在秦岭山南麓。

那时的秦岭，漫山遍野或是翠竹青青，或是苍松翠柏，山脚下则是游鱼细石，清澈见底的溪流。

熊猫细细的出生，给熊猫妈妈黑白带来了无穷的欢乐。熊猫妈妈伸出舌头，清理着细细身上的污秽，嘴里还不停地发出"咕咕"的叫声。而细细，则不停地蠕动着如手指粗细的粉红色小身子，摇晃着同样粉红的小脑袋，伸出细铁丝一样的小爪子，紧贴着妈妈腹部浓密的毛发，努力向前爬着。在细细看来，这就像穿越茂密的丛林一般。他抬起头，露出两只圆溜溜的小眼睛，向前张望着。其实他根本没睁开眼睛，那姿势却像真的看到了什么。"打量"片刻之后，只见他埋下头，晃悠着尖尖的脑袋，就像探测器一样，在"丛林中"坚定不移地向前进。

熊猫妈妈半蹲在那里，低下头看着正在腹部蠕动、只有一百多克重的细细出神，似乎在想：这孩子太瘦小了。虽然距离喝奶的位置只有一尺（约33厘米）远，但对他来说，要爬过去可不亚于翻越万水千山呢。

想到这里，熊猫妈妈"吱吱"叫了几声，显然是在为细细着急。她多想伸出前爪，直接把细细放到胸前，让嗷嗷待哺的孩子早一点吃饱喝足呀，但熊猫妈妈只是动了动前爪，还是忍住了。她知道，这是细细生下来必须上的第一课——凭借自己的努力找到食物。熊猫妈妈就那样把前爪停在半空中，眼睛一眨不眨地瞅着细细，嘴里发出"咕咕"的叫声，看那样子，似乎是在用声音引导细细。

果然，细细听见妈妈的声音，就像刚出土的幼苗获得了雨露和阳光，一下子充满了活力。刚才还在摇晃着挪动的细细，现在竟能笔直地往前爬了。熊猫妈妈面露喜色的同时，只觉得乳头往下一坠，然后就感觉细细的头在肚子那里拱呀拱——这样熊猫妈妈受到刺激，奶水就会充盈起来。最后，细细抱着妈妈的乳房，像一条大个儿的蚕蛹一样吊在了那里。

熊猫妈妈微微闭上眼睛，体会着一股股暖流自体内涌出来，那感觉如一根根敏感的导线，和细细紧紧联系在一起，他们的模样就像被幸福包围了一般。

没过多久细细就吃饱了，但他仍用细铁丝一样的小爪子抱着妈妈的奶头，把头歪向一边睡着了。

刚生产完的熊猫妈妈也是一身疲倦，她侧了一下身子，缓缓地躺了下去，一点儿也没惊动熟睡中的细细。

熊猫妈妈身下铺了一层厚厚的竹叶，软软的。假如熊猫妈妈会做梦，她一定能梦到自己抱着熟睡的细细，正躺在绿色的云朵上。

随着肚皮有节奏地起伏，熊猫妈妈和缓地吸气、呼气，看上去似乎已经进入了梦乡。其实，她一点儿也没放松警惕，这从她的眼皮就可以看出来——那眼睛并没有真正闭上，而是留了一条缝，并且隔一会儿就会微微睁开一次，鼻翼也随之抽搐，那是在辨识空气中的味道，嗅一嗅有没有危险的动物向她靠近。熊猫妈妈现在有了小宝宝，而小宝宝是毫无反抗能力的，甚至连逃跑都不会，难怪她会这么紧张。

要知道，1234年的时候，秦岭山一带还是有虎、豹这类凶猛动物的，狼更是多得不计其数，一群群像风一样，在崇山峻岭之间刮过来，刮过去。

成年的熊猫是不怕这些动物的，因为熊猫虽然不像北极熊、棕熊那样魁梧，但体重也有120千克左右，还是非常强健有力的。老虎或豹子跟熊猫搏斗时，如果一不留神被熊猫厚重的爪子拍伤，哪里还会有命。因此，在熊猫的领地，很少有虎豹出现。倒是擅长群体作战的狼，有时会像亡命之徒，成群地站在不远处的山坡上，"嗷呜——嗷呜——"地叫几声，然后竖起耳朵，倾听着来自熊猫方面的反应。

熊猫天生慢性子，走路慢吞吞的，就连发脾气也慢腾腾的。群狼叫了几声之后，往往听不到熊猫的反应，他们就会停顿一会儿接着再叫。而熊猫呢，爬起身来，冲着狼群的方向望一望，好像并不明白群狼的意图，便在原地转个身，继续呆呆地望着狼嚎传来的方向。

每当这时，狼群就会发出讥笑一般的叫声，有的嘴巴追着尾巴咬，有的拼命仰头，把脖子拉得长长的，左右晃动着脑袋，"嗷呜——嗷呜——"地叫着，那样子，好像把天咬破了一块皮，正拼命地往下撕扯呢。只有那些未成年的公狼，仿佛总有使不完的坏主意，他们会用屁股对着熊猫，或摇动尾巴，或用后爪向后扬土。直到这时熊猫才反应过来，立马像受到了污辱似的，鼓鼻、呲嘴，发出"哇哇"的吼叫声。

正在撒野的狼群闻听，知道这只熊猫正值壮年，发起火来可是非常凶猛的，哪里还敢上前招惹，夹起尾巴便顺着山坡向别的地方跑去了。

据说动物也会做梦，太神奇了！各路大侠能提供证据吗？

梦是什么？能吃吗？

我确定、一定以及肯定我做过，不过貌似可能大概只是很短的一段时间。

当然会做，不过我的梦里没有什么绿色的云朵，只有一个可以拍彩色照片并且身材苗条没有黑眼圈的我。

据科学家研究，哺乳动物都会做梦；鸟类也会做，但大都是短暂的梦；鱼类、两栖类、无脊椎动物则不会做梦。证据嘛，全是一堆脑电波图，估计给你你也看不懂的，哈哈！

转　发	评　论

【二】

天渐渐接近黄昏，太阳明亮的光线也一点点暗淡了下去，而晚霞犹如突然绽放在天边的樱花，将云朵染得一片通红。

熊猫妈妈睡醒了，渐渐恢复了一些体力。她按倒一棵竹子，先是用一只后脚踩住，然后把竹叶一片片擗（pī）下来，塞到嘴里衔住。直到嘴里快装不下时，熊猫妈妈才会抬起后脚，那被弯倒的竹子便"嗖"的一声反弹回去。这时，熊猫妈妈则就地一坐，用两只前掌握住嘴里的竹叶，像拧绳子一样向相反的方向转动。不长时间，那束竹叶就被卷成雪茄状。就像吃饭前要先买菜，再将其炒熟一样，接下来才是熊猫妈妈的进餐时间。只见她将"雪茄"竖着放进嘴里，上下牙齿相互错动着，直至把竹叶磨碎才咽下肚去。

熊猫妈妈的慢性子绝对名不虚传，就拿这顿晚餐来说，她居然从黄昏一直吃到月上中天，足足花了六七个小时。末了，她还咂咂嘴，感觉意犹未尽呢。而细细则把身体埋在妈妈腹部柔软的毛发里，就像盖了一层薄薄的小毛毯似的，还在那里睡呢，小爪子仍紧紧抓着妈妈的皮肤。

熊猫妈妈扭动了一下有些僵硬的脖子，长长地舒了一口气，接着又抬起一只前爪按了一下肚子。嗯，鼓鼓的。熊猫妈妈这才满足地从地上爬起来，慢腾腾地顺着山坡走下去。只用了不长时间，她便来到小溪边，小心翼翼地踩着石头爬到小溪中央，喝饱了水才顺着原路返回。

一路上，熊猫妈妈走走停停，时而竖起耳朵听听四周的动静，时而回头瞅瞅身后，唯恐被其他动物跟踪。

等安全回到竹林之后，熊猫妈妈突然感觉腹部有动静，她知道细细醒了，又该吃奶了。于是她放松四肢，仰面躺在竹叶上，瞅着满天的繁星。那星星多像一枚枚草籽呀，细细咂嘴吃奶的声音传来，仿佛他正在咀嚼香香的草籽。熊猫妈妈想到这里，忍不住扭动着身子笑了起来。

转眼半年的时光过去了，已经长大的细细也能像妈妈那样吃一些竹叶了，但现在的他还没办法像妈妈那样先把一束竹叶卷成雪茄的形状，再咀嚼咽下，更多时候还是要靠妈妈的奶水生活。但已长出锋利牙齿的细细经常会咬疼妈妈，这就更加坚定了妈妈给细细断奶的决心。

不能吃奶，又不能像妈妈那样一下子吃进相当于体重四分之一的竹叶，细细急得一边"吱吱"叫唤，一边想方设法往妈妈肚子那里钻——想偷奶水喝。一开始，熊猫妈妈只是左右躲避着。后来，被细细纠缠急了，便忍不住对他露出利齿，呼呼地喘着粗气，还发出低沉的咆哮声。

细细见妈妈一下子变得面目狰狞，惊恐地倒退着身子，挪向一边。熊猫妈妈也很无奈，转过身去，一脚把一棵大竹子踩倒在地，开始一片一片地掰竹叶，接着卷成一个小号"雪茄"，转身递给细细。细细接过"雪茄"马上高兴起来，含在嘴里，一边转动着一边咀嚼——这样就能吃到丰富的竹叶汁了。那汁水从竹叶卷中被挤出来，顺着舌尖流进嘴里，有一种说不出的清甜。小家伙还挺会享受呢。

熊猫妈妈把这根竹子上的竹叶掰干净后，并没松开踩在上面的脚，而是借助前爪的力量，慢慢将这根光秃秃的竹竿向前推去。

细细不知道妈妈要做什么，好奇地瞪着两只黑漆漆的小眼睛，老老实实地看着妈妈。也许是看出妈妈在做一件重要的事，细细不由得放慢了呼吸，只是偶尔抽动一下鼻翼。

熊猫妈妈推动竹竿的速度很慢，没有发出一丝声响。等竹竿末端到达一个洞口时，熊猫妈妈才停下。熊猫是一种很有耐心的动物。只见熊猫妈妈目光坚定地盯着那个洞口，像石头一样伫立在那里，一动不动。

风像荡秋千的孩子，在竹林里荡过来荡过去，细长的竹叶便随着风来回摇曳着。也不知道过了多长时间，那洞口终于露出一只尖尖的嘴，那嘴上翘着，一动一动地嗅着外面的气味，嘴边长长的胡须也一颤一颤的，一副小心翼翼的样子。接着，一双小眼睛露了出来，那眼睛一眨一眨地环顾着四周，可见主人非常警惕。很快，他便将目光从远处收回来。显然，周围的风景再美，对他来说也形同虚设，竹鼠可无心欣赏。

最后，竹鼠的目光落到洞口那根长长的竹竿上。那竹竿光滑得很，上面没有半片竹叶。可它怎么会竖在自己的洞口呢？竹鼠眨着眼睛，似乎在思考这个问题。

竹鼠虽然胆子小，但却对想不通的事情充满了好奇，执着地想要一探究竟。但满足好奇心有时是要付出代价的。

　　只见竹鼠盯着眼前的竹竿瞅了一会儿，又伸出嘴巴触碰了一下，发现没什么异样，便抬起前腿爬了上去。

　　这个时候，早晨的阳光透过竹叶洒落下来，连竹鼠的洞口也像放了一面小镜子，明晃晃的。"啊——"，竹鼠仿佛长吁了一口气，原来什么危险也没有呀！只见他似乎只是在竹竿上滑动了一下，就蹿出一二尺远。

　　熊猫妈妈等这一刻已经很久了，如今时机已到，她猛地松开了踩在竹竿根部的脚掌，只见那竹竿就像一发炮弹，呼啸着射向空中。而趴在上面的竹鼠想逃跑，可哪里还来得及。在竹竿甩向空中的一瞬间，竹鼠也被顺带抛了出去，先是撞到一根竹竿上，接着又重重地摔到地上。可怜的竹鼠啊，还没来得及惊叫一声就一命呜呼了。

　　熊猫妈妈和细细见状，一改往日慢腾腾的状态，身子一纵一纵地向摔在地上的竹鼠跑去。熊猫妈妈伸出一只前爪，把圆滚滚的竹鼠踩在脚下，侧着头，用獠牙咬上去，然后向上一抬，就把竹鼠的皮剥了下来。

　　熊猫虽然被认为是草食性动物，但断奶后会出现营养不良的状况。为了补充营养，他们偶尔也会捉竹鼠吃。接下来，熊猫妈妈还另有安排。等细细吃饱后，她打算去巡视自己的领地。

　　为了生存，熊猫一族都特别重视对领地的保护。每个熊猫的领地小的有三四平方公里，大的有五六平方公里。巡视一圈，熊猫得花上两三天的时间。

　　这是熊猫妈妈产下细细后第一次外出。现在细细已经长大了，妈妈外出巡逻时既不能把他叼在嘴里，也不能像小时候那样让他贴在自己的肚子上，不得不让他待在巢穴里。给细

国宝过去那些事儿

　　根据对化石的研究分析，大熊猫的祖先——始熊猫在800万年前的晚中新世就出现了。在这漫长的历史中，熊猫家族也经历了一系列演化。

　　始熊猫属➡禄丰始熊猫➡元谋始熊猫➡郊熊猫属➡葛氏郊熊猫➡大熊猫属➡小型大熊猫➡武陵山亚种➡巴氏大熊猫➡大熊猫

　　意外收获：过去各时代的典籍中所记载的"挚兽""角端""貘""白豹""食铁兽""花熊""银狗"等称谓，大多数指的就是大熊猫。

始熊猫

细捉了一只竹鼠之后，熊猫妈妈又把五六根竹子弯下来。用柔韧的竹叶把它们捆绑在一起，搭成一个"吊床"，让细细爬上去。如此一来，即便细细在自己不在家的时候遇到狼群，也可以躲过一劫。因为熊猫会攀爬，而狼不会。

做完这一切，熊猫妈妈便挪动着胖嘟嘟的身子上路了。她一边走，还一边回头看着，直到细细爬进"吊床"冲她摆了摆前爪，才放心地向山下赶去。

熊猫标明领地的方法和其他动物一样——在树上、石头上或者竹竿上撒尿，留下气味做记号。别的熊猫嗅到这气味，就如同在此处看到一块醒目的警示牌：私人领地，禁止闯入！

时间久了，写在牌子上的字会褪色，熊猫留下的气味也会被雨水冲淡。气味消失的区域，很快就会被别的熊猫占领，再想抢回来可就难了。

熊猫妈妈先是跑到溪边饮足了水，补充了能量，然后返回自己的领地，一路作着标记。就在熊猫妈妈做完这些准备回家时，突然发现对面山坡上有一群灰狼正向自己这边张望，然后便一溜烟似的冲下山谷，瞬间不见了踪影。

熊猫妈妈不由得一怔，抬头向空中望去，只见秃鹫也低低地在空中打着转。熊猫妈妈似乎想起了什么，"呜呜"地叫了一声，便焦急地朝家的方向飞奔而去。

她的直觉一点儿没错，这群大灰狼早就盯上了自己的幼崽，无奈他身旁总有妈妈守护着，他们一直不敢贸然发动攻击。今天，他们在搜寻猎物的途中，突然看到熊猫妈妈独自巡视领地，知道机会来了，就一窝蜂似的向熊猫的巢穴奔去。

熊猫妈妈一刻不停地拼命跑，但还是被那群灰狼远远地甩在了后面。

【四】

熊猫妈妈离开后，细细吃完了竹鼠肉，也想像妈妈一样，把竹竿弯倒，捉一只竹鼠，但他还没有妈妈那么大的力气，根本弯不下那根滑溜溜的竹竿。没办法，他只好学着妈妈的样子，掰一些小竹子上的叶片，然后像卷雪茄烟一样往一起卷。细细卷竹叶的技巧也不纯熟，那竹叶卷得乱蓬蓬的，一点儿也不整齐，气得他一把将竹叶甩到地上，还用后脚踩了几下。

就在细细冲着几片竹叶撒气的工夫，那群大灰狼已经包抄了上来。细细慌忙爬回竹子搭成的"吊床"上。大灰狼们那个气呀，有的仰着脖子，冲着"吊床"里的细细嗥叫着，有的在"吊床"下面转来转去，只有领头的大灰狼，用前爪扒着竹竿，一下子直立起来。他那露着尖利獠牙的脸已经扭曲得变了形。

细细见大灰狼这副凶猛的模样，立刻退向"吊床"的中央。大灰狼不甘心，就猛地摇晃起竹竿来，那"吊床"也随之剧烈地摆动起来。其他的灰狼眨着眼睛，不解地望着头领。但不一会儿他们就明白了，头领是想把细细从上面摇下来。霎时间，一声声狼嗥此起彼伏，那样子既像是在为头领的聪明才智叫好，又像是在为他加油。紧接着，他们一个个也学着头领的样子，把前爪死死按在竹竿上，尽全力摇晃起来。

没过多久，"吊床"就在群狼的摇晃下发出"噼噼啪啪"的断裂声，趴在上面的细细惊恐地尖叫起来。就在这时，附近的竹子突然像被飓风刮过一样，凌乱地晃动起来，一些小的竹子直接倒在地上。正拼命摇晃竹竿的群狼不由得收住了爪子。与此同时，熊猫妈妈从竹林里跳了出来。

群狼最担心的就是熊猫妈妈突然出现，没想到怕什么来什么。大灰狼头领的眼神里立刻被恐惧占满。只见他夹着尾巴，逃到一块开阔地，瘪进腹腔的肚皮也随着呼吸急促地膨胀与收缩着。

熊猫妈妈围着"吊床"转了一圈，见"吊床"还算牢固，细细暂时没有从上面掉下来的危险，这才长吁了一口气。然后身形一缩，快速向灰狼头领中了过去。

与狼相比，熊猫的身手并不敏捷。大灰狼只是一跳，就躲开了熊猫妈妈重重的一击。熊猫妈妈见一击不中，便转过身，与灰狼头领对峙着。她是在等着灰狼头领率先发动进攻，那样她就可以在对方靠近之后，再乘机给对方重重的一

你可能不知道

在我们的印象中，大熊猫是喜欢吃竹子的家伙。但在科学分类中，它属于"哺乳纲-食肉目-熊科"，而它的祖先们也是名其实的食肉动物。

身为食肉动物，大熊猫为什么以竹子为主食？为了便于握竹子，它的前爪还进化出了"第六根手指"？经过对其基因进行研究发现，罪魁祸首是一个名叫"T1R1"的基因。正因为它失去了正常的功能，大熊猫无法感觉到肉的鲜味，慢慢地也就不喜欢吃肉了。

击了。

灰狼头领自然不傻，他并没有向熊猫妈妈靠近，只是左跳一下，右跳一下，与熊猫妈妈周旋着。其他的灰狼见头领拖住了熊猫妈妈，心领神会般地重新聚集到细细的"吊床"下面，有的跳起来，撕扯上面的叶子，有的用锋利的牙齿咬着竹竿。看来，这群饿红眼的灰狼是要和熊猫妈妈拼死一搏了。

熊猫妈妈见细细那边情况危急，怒火中烧，像一团火一样朝正在破坏"吊床"的群狼扑了过去。灰狼头领哪里肯轻易让熊猫妈妈离开，一个前扑，就在她屁股上咬了一口。熊猫妈妈往下一蹲，转身挥出一掌。虽然灰狼头领敏捷地跳到一边躲过了这一击，但正好给熊猫妈妈创造了机会脱身。

只见熊猫妈妈快速冲到"吊床"下面。正在向上跳跃着撕咬"吊床"的那只狼，刚一落地就被猛扑过来的熊猫妈妈踩住了尾巴。他张着大嘴向熊猫妈妈的头部咬来，熊猫妈妈则用獠牙迎上去，只听"砰"的一声，灰狼和熊猫妈妈撞击在一起。与此同时，熊猫妈妈挥出一只前爪，一掌将狼的头盖骨击碎了。

灰狼头领眼见一个同伙被熊猫妈妈打死，发疯似的嗥叫起来，也加入到围攻之中。只一会儿工夫，熊猫妈妈的身影就被群狼淹没了，只听得见她愤怒的吼叫。

灰狼头领扑在熊猫妈妈身上，用尽全力左右摇晃着脑袋。细细知道，灰狼头领是想把妈妈的皮肉撕碎，他再也待不住了，一个飞跃从"吊床"上跳了下来。巧的是，他那厚重的屁股正好砸在灰狼头领的头上，只听灰狼头领一声惨叫，脖子一歪，就倒了下去。就在群狼被镇住的空当，熊猫妈妈用力挥动前掌，又击毙了两头灰狼。细细则像被钢针扎了一般，从灰狼头领的身上跳了起来。他一边捂着屁股，一边扭头去看死去的灰狼头领，只见一截竹桩从他的脖子中穿过，原来，细细的屁股，就是被这截竹桩刺痛的。

群狼见头领死了，瞬间没了主心骨。他们放弃了进攻，一哄而散，纷纷向山下逃去。筋疲力尽的熊猫妈妈则把细细紧紧地揽在怀里，像抱着失而复得的宝物，生怕再次失去。她知道，身处这片茂密的山林，永远不会有绝对的安全。

生命的奇迹

●梁珊珊

当清晨的阳光照进亚马孙热带雨林的时候，偌大的生物王国开始从睡梦中醒来。小到不起眼的苔藓，大到高达60多米的树木，无不洋溢着勃勃生机，充满着无穷的生命活力。置身其中，闭上眼睛，仿佛能听见万物细密的呼吸。然而，在静谧和谐的外表下，在蓬勃向上的生机背后，时刻隐藏着死亡的威胁。

此时此刻，在一处不起眼的水塘上空，一只被长尾燕衔在口中的亚马孙幼蛙正在为生存做着殊死抵抗。他叫小科。尽管小科身体还小，甚至连尾巴都没有完全消失，但从长尾燕跌跌撞撞的飞行状态来看，小科蹬在其颈部的细小后肢的力道不容小觑。可即便是这样，长尾燕也没有要松口的意思，他不断地加大咬合力，以免小科从口中挣脱，同时连续调整着翅膀伸展的角度，努力寻找平衡。突然，长尾燕感到眼前一黑，紧接着传来的一声沙哑蛙鸣惹得他又气又恨——小科逃脱了！原来情急之下，小科弹出自己长长的舌头，在长尾燕眨眼之前正中其瞳孔，其速度之快，动作之精准，怕是长尾燕始料未及的，而那一声蛙鸣，似乎在向敌人宣告：千万别小瞧我，我的生命力顽强着呢！

是的，小科虽小，但已饱经风霜、历尽艰险。从他出生的那刻起，危机就从未远离，而他能活到现在，已然是个奇迹。

从长尾燕口中挣脱之后，小科径直摔进了水塘，但他顾不上休息、顾不上处理伤口就匆匆往回游，还不时地露出水面打量周围的荷叶。他在寻找一片翠绿的荷叶，上面有一团看似白色泡沫的东西，在阳光的照射下闪着晶莹剔透的光芒。

那是小科在跟踪一只成年的母蛙时发现的。当初，那个熟悉的身影闪过眼前时，小科突然有种莫名的亲近感，好像那就是自己未曾谋面的母亲。他想也没想就跟了上去，但母蛙在产下一团卵之后就消失不见了，留下小科瞪着两只圆鼓鼓的大眼睛望着那团白色泡沫发呆。这就是母蛙的子女们吧？这么说，母蛙一定会回来照看他们，那我就在这里等她好了，说不定她真的是我的母亲。想到这里，小科心中充满喜悦。看着那一颗颗晶莹透亮的卵，小科已然把他们当成了自己的弟弟妹妹，眼神中闪耀着无限的爱怜。小科看着他们，幻想着母子相遇的美好场景，沉醉其中不能自拔。这对盯了他很久的长尾燕来说，可是绝佳的攻击时机。当小科感到视野突然变暗，似乎有东西从天而降的时候，为时已晚。

现在，他虎口逃生，迫不及待地想要赶回去，生怕错过了跟母蛙见面的机会。没多久，那株荷叶渐渐进入视野——纵使水塘边那么多荷叶，小科还是一眼就认出了它。当荷叶和那团耀眼的"白色泡沫"映入眼帘时，紧接着发生的一幕让小科目不忍视——一只红色蜻蜓轻盈地落到荷叶上，大口大口地吃起了卵！小科先是一愣，接着如武林高手水上漂一般，一路以荷叶为跳板跳了过去——他要保护自己的弟弟妹妹！红蜻蜓似乎察觉到了背后的骚动，留恋地望了一眼尚未吃完的美味，心怀愤恨地扇起翅膀逃之夭夭。等小科跳到跟前时，原本数量上万的卵只剩下不到一半。这就是生物链所体现的冷酷，小科他们好像生下来就是自然界的牺牲品。

这残忍的场景，也许像重锤一般重击在你的心房，但在亚马孙蝌蚪的世界里，这种场景却再正常不过。要想长成一只真正的大蛙，所要经历的类似的危险简直数不胜数。虽然母蛙产卵时会挑选离水面高一些的荷叶，以便蝌蚪顺利孵化，但身处这个弱肉强食的世界，有很多事情是母蛙所不能控制的。在这上万个对世界毫无感知的卵中，若能有三五个孵出蝌蚪，已是万幸。也许是因为不忍心看到自己的儿女被吞噬一空，也许是因为母蛙本身就时刻处在不可预测的危险之中，她们每次产下卵之后就匆匆消失。小科突然意识到，这可能就是自己从未见过母亲的原因，而自己之所以只有四个兄弟姐妹，也许正是红蜻蜓这类依靠蛙卵存活的生物的"功劳"。

在这恍然大悟的瞬间，小科心中只有一个念头——不管遇到什么样的困难，他都要带着弟弟妹妹坚强地活下去。尽管亚马孙蝌蚪的生命注定弱小卑微，但这也是值得尊重的生命。

为了照顾好这些毫无自卫能力的卵，让他们免遭不测，小科几乎与他们形影不离，就算肚子饿了，也只是在周围捉几只飞虫。几天过后，小虫子们似乎知道这里有只"守株待兔"的大胃王，说什么也不往这里飞了。一连几天都没看到活物的影子，小科快要撑不住了；而这些卵要孵化出蝌蚪，起码还需要一个月的时间。

一日清晨，四周一片静谧，小科决定增加活动范围。在不远处的一片草丛里，小科发现很多飞虫。他跳过去，伸一下舌头就能黏到一个。好久没有这样大快朵颐了——小科越吃越开心，以至于忘了时间。不知道过了多久，小科发现一只蓝水鸟从天空滑过，正朝着卵的方向降落。他连忙往回赶，所经之处草茎剧烈地晃动，沙沙作响。那只蓝水鸟看来是饿坏了，啄食卵的脑袋点个不停。也许是担心会有不速之客前来打扰，蓝水鸟吃得非常匆忙，好多卵随着他身体的晃动被甩下水塘。等小科赶到时，本来成团的卵已经所剩无几。只见他长长的舌头一甩而出，将蓝水鸟准备吞下肚的最后一小撮卵粘住，收了回来。蓝水鸟受了惊吓，落荒而逃，只剩几粒卵零散地黏在荷叶上。这场没有血腥的恐怖弥漫了整个池塘，抛洒下来的是无尽的恐惧和无奈。

小科回到荷叶上，将剩下的卵归拢到一处，然后蹲在旁边，无精打采地转动着双眼，打量着四周。现在的他连难过的力气也没有了。他深刻体会到了四个字——"命比纸薄"。一阵微风吹过，小科仍旧没有动弹，任凭自己随着荷叶晃动。放眼水塘周边，小科感到自己被淹没在茂盛的草木中。在强者为王的自然界，他显得那样渺小。他的抗争、他对生命的守护是那样力不从心。

WANTED

无声杀手

在亚马孙大蛙的一生中，最不缺的就是各种各样的"杀手"。即便历尽千辛万苦长大的成蛙也不可放松警惕，因为"无声杀手"——猫头鹰的"暗夜偷袭"是一招致命的招数。不久之后，你将见识到它的厉害。

杀手锏

听。听觉神经发达，头部两侧的左右耳道及形状并不对称，这利于猫头鹰确定声音来源。

看。瞳孔大、视觉细胞发达，使猫头鹰在夜间的视力高出人类100倍。

无声飞翔。柔软的羽毛上生有细密的羽绒，使猫头鹰飞行时发出的声波极不容易被察觉。"无声"杀手即得名于此。

谢天谢地，在小科的精心照顾下，残留于世的卵中，终于有几粒孵出了小蝌蚪，而其他的卵却始终没有动静。经历了红蜻蜓和蓝水鸟的"蹂躏"，那些小蝌蚪大概永远只能在卵中沉睡，再也不会醒来了。

看到小蝌蚪一点儿一点儿从卵中爬出来，小科不由得鼓起肚子，发出阵阵响亮短促的鸣叫。生存的压力太过沉重，他曾以为自己再也没有机会发出欢快的叫声了；而现在，新生的希望带给他活下去的信心与勇气。看着眼前的情景，小科仿佛看到了当初的自己。

当初小科刚从卵中爬出来时，阳光有些刺眼，他迅速爬进荷叶的一大滴露珠里，微微抬起头，眼前的光景让他彻底惊呆了：四周丛林茂密，绿叶被照得发亮，宽阔的河流，各种飞禽野兽——天上飞的、地上跑的、水里游的，好不热闹。

小科轻轻摇了摇尾巴，低头瞅瞅自己小小的身躯，莫名有些失落。是啊！在这广阔的亚马孙河流域，生存着多少物种啊！相比之下，小科实在是微不足道。他垂头丧气，很不开心。无意间掉转过头，他发现旁边竟有四只跟他自己长得几乎一模一样的小蝌蚪。他们是小科的亲哥哥、亲姐姐，比小科提前一天爬出卵壳。发现小科正注视着自己，他们便友好地向他摇了摇尾巴，那可爱的样子像是在跟小科打招呼："兄弟，你好啊！我们都等你一整天了，今天可算是见到你这个小家伙了！"小科明白了他们的意思，高兴极了。他凑到哥哥姐姐跟前，围着他们兴奋地游来游去。

这个阶段的小蝌蚪还不需要到处觅食，靠体内残留的卵黄就能维持生存，所以小科跟哥哥姐姐们每天最主要的活动就是游来游去、嬉戏打闹。那大概是他们一生中最快乐的时光。但对现在的小科来说，无忧无虑的日子已经一去不复返了。

午后，天气有些闷热。如果有过在森林里露营的经验，你就会知道，一场暴风骤雨即将来临。可在荷叶中欢快游动的小蝌蚪却对即将到来的危险浑然不知。当第一滴豆大的雨点打在荷叶上时，小蝌蚪们着实吓了一跳。他们慌乱地摆动着尾巴，本能地用头下的吸盘吸附在荷叶上，但眼前的世界，突然间变得像恶魔一样面目可憎。暴风雨伴着嘶鸣的雷电从天而降，如豆粒一般大小的雨点，能将大多数已经长成形的小蝌蚪打得四分五裂。

慌乱之中，有一只小蝌蚪使劲儿摇着尾巴，那样子像是在鼓励兄弟们不要放弃，一定要坚持到最后。小科看到这一幕，猛然想起了大哥。似乎每一代蝌蚪在生命之初都会遇到一场暴风雨，只有经过疾风骤雨的洗礼，他们才有活下去的资格；而在那场风雨中，大哥游动着将兄弟几个推到一起，让大家凑成一团，共同抵御风雨，自己则紧紧靠在大家外围，尽力不让任何一个兄弟被摇动的荷叶甩飞。大家在大哥的指挥下紧紧抓住荷叶，终于挨了过来。可当大家睁开眼睛时，却发现大哥不见了！从那以后，大哥再也没有出现。在残酷的自然界中，他生存下去的希望微乎其微。

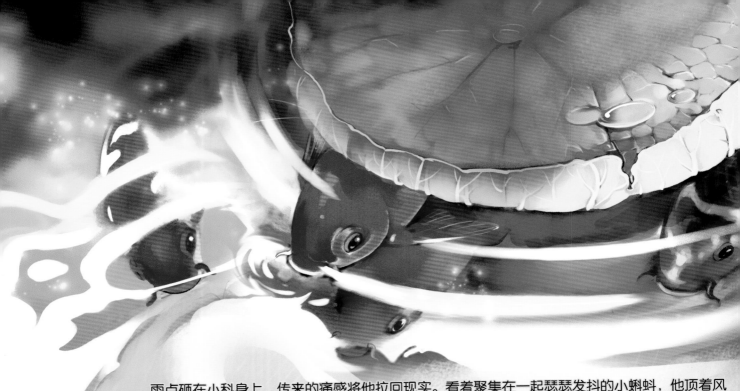

雨点砸在小科身上，传来的痛感将他拉回现实。看着聚集在一起瑟瑟发抖的小蝌蚪，他顶着风跳过去，将他们护在了身下。森林中的雨，来得急，去得也快。现在他们要做的就是坚持。尽管眼前的景物已经模糊，小科依然坚定不移地守护在那里。他尽量放低身子，以减少阻力。风雨中，随风狂舞的荷叶上，一只小小的青蛙正用尽全身力气，冒着生命危险，守护几个小小的生命。那坚定的姿态、果敢的眼神，使他看上去俨然是一个勇敢的战士。

没多久，荷叶摆动的幅度渐渐变小，呼啸的风声渐渐远去……在小科的保护下，小蝌蚪们总算熬过了这生存的第一次考验，而世间万物也迸发出更加蓬勃的生机。一时间，虫鸣鸟叫从四面八方席卷而来，欢快的节奏穿透了雨后阳光下蒸腾的雾气，似乎在庆祝这场生命保卫战的胜利。

几只小蝌蚪格外兴奋，快速地摆动着尾巴，似乎不满足于当前荷叶上这片小小的水湾，急于到更广阔的世界中畅游。

这时，他们注意到不远处有几条小溅水鱼正在寻找食物。看着他们自由自在游来游去的样子，看着水面上浮动的嫩黄的水藻，他们坚信那是一个自由的天堂，是一个更加美好的世界。他们的小尾巴摆动得愈发急促，似乎在说：我等不及啦！我要下水！

一旁的小科察觉出了小蝌蚪们的异样，随即警惕地挺直身子，屏住呼吸，细细打量着周围。在他看来，小蝌蚪们一定是感觉到了危险的临近才会如此不安。可他观察了好一阵，也没发现什么天敌。等他再次低下头时，小蝌蚪们早已不见了踪影。他急忙跳下水，试图找寻小蝌蚪的踪迹。

刚游了没多久，小科就看到红扁嘴鱼悠然离去的身影，肚子鼓鼓的！他认得这个身影！他突然明白过来，小蝌蚪们那急躁的举动并非是感受到了危险的临近，而是对广阔生活空间的渴望。小蝌蚪们并不知道，仅仅是从荷叶跳到水中这样一件小事，背后也暗藏着无限杀机。而这种威胁很大程度上来自于一种名叫红扁嘴鱼的大头鱼。他们通常生活在亚马孙河上游，却不知疲倦地游了上千里来到这儿，只为尝尝亚马孙蝌蚪的味道。有时为了等亚马孙蝌蚪从荷叶上滚落下来，他们宁愿花上一整天的时间等待。每年不知道有多少"无知的"亚马孙蝌蚪将自己的命运断送在红扁嘴鱼的口中，这就像命运安排一般的轮回。

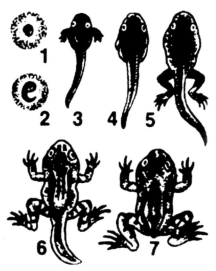

传奇的一生

1 2 3 4 5 6 7

从小到大，小科不论是在外形上还是在生活习性上，都会发生很大的变化。尤其是呼吸系统，幼年时的小科用鳃呼吸，成年之后就用肺呼吸了。在生物学家看来，这就是"变态发育"。前后变化如此之大，这何尝不是一种奇迹啊！

小科也有过类似的经历。幸运的是，他从荷叶上跳下的时候只是从红扁嘴鱼的嘴边滑过，便跌进了水里。不幸的是，他眼睁睁地看着自己的二哥、三姐成为了敌人的腹中餐，而自己却无能为力。红扁嘴鱼带走了小蝌蚪，也带走了小科活下去的勇气。因为他越来越觉得，在自然界的种种考验面前，自己所谓的"保护"显得多么苍白无力，甚至连自己的命运都把握不住。小科面对长尾燕时的那种勇敢与自信瞬间消失得无影无踪。

四

也许是长久以来都将精力放在了保护小蝌蚪身上，当小科蹲在荷叶上瞥见水中的自己时，竟然吓了一跳。这时的小科已经长成一只成熟的蛙，后肢健壮有力，且早已分化出了五趾，尾巴也消失了。最重要的是，外鳃已经萎缩，改用肺呼吸了。想想自己还是小蝌蚪时候的样子，再看看水中的自己，才用了没多久的时间就仿佛变成了另外一种动物！小科简直不敢相信自己的眼睛，出神地打量着水中的倒影，不由得感叹生命的神奇。

突然，水中的倒影晃了一下。小科一惊，自己并没动弹啊？难道又有什么天敌打起了自己的主意？要知道，随着体形慢慢变化，小科已经正式成为两栖动物，不论是在陆地环境，还是在水下都能游刃有余地生活。同时，这也意味着他的天敌变得越来越多，给本来就危机重重的生活平添了一层霜雪。小科本能地向陆地逃去。与此同时，一阵水声在他背后响起。糟糕，天敌跃出水面追上来了！这是小科的第一感觉。他不由得加快了呼吸，腹部一鼓一鼓的，发出急促沙哑的叫声。可不论小科逃到哪里，背后的骚动声始终尾随而来，根本不给他喘息的机会。就在这危急时刻，小科发现了一个不幸的事实——慌乱之中，他逃进了死胡同——一堵破败的墙矗立在他面前，如死神一般向他压过来。小科的腹部起伏地更加剧烈了，沙哑的叫声已经失去节奏，他再次被逼到绝望的边缘。

就在这时，背后传来一声蛙的鸣叫，那叫声听起来竟如此和善、亲切。小科战战兢兢地转过身，蹲在自己面前的是一只跟自己差不多大的蛙。虽然分离时彼此都还不会叫，但也许是因为身体里流淌着同样的血液，小科很快认出蹲在对面的正是自己的大哥！自从大哥被暴风雨卷走的那刻起，小科从没想过还能和他再次相见。看来，他还是低估了大哥的生存能力，低估了亚马孙蝌蚪的生命力！在各自无数次与死神擦肩而过之后还能相见，这足以说明：生命就是要冲破一切艰难，活下去！

接下来的一段时间，小科与大哥相伴度日。虽然白天还是少不了长尾燕的打扰，晚上还得时刻警惕猫头鹰的偷袭，平常也得防着神出鬼没的草蛇，但这丝毫没有削弱兄弟俩生活下去的信心和勇气。相反，重拾"逝去已久"的手足温情，让兄弟俩感到无比幸福。因为他们已经意识到，自己从一颗不起眼的卵历经千辛万苦活到现在，本身就是一种奇迹，何不继续好好地生活下去呢？

时间一天天过去，转眼间，雨季已近在眼前。接下来，小科和大哥将要完成一项光荣而沉重的使命——在雨季之前找到配偶，完成交配。为此，他们必须像自己的祖辈那样，勇猛地跳上阔大的荷叶，为寻找配偶拼力鸣叫。这样的举动势必会招来更多的敌人。到那时，他们可能还没找到配偶就先葬送了自己的性命。可是，他们别无选择，繁衍后代是他们的使命，义不容辞！

这天，兄弟俩一同跳到一张阔大的荷叶上。他们发现有很多同类早已来到这里，开始了有节奏的鸣叫。大家相拥在一起，声音一个比一个嘹亮。这样的场景既壮观又惨烈。这是一种誓死的决心！小科明白，同伴们这样做是为了尽量把敌人引到自己身边，用自己的牺牲，换取同伴的生存：一种崇高的敬意油然而生。从小到大，小科历尽百般苦难，曾抱怨过命运的不公。但这一刻，他为自己是一只亚马孙大蛙而感到自豪！

夜幕渐渐降临，但大家好像不知疲倦似的，依然叫个不停。小科叫了

一天了，着实有些累，但听到大哥的叫声，他也不甘示弱，打起精神继续鸣叫。月亮渐渐升起，月光下的亚马孙河畔依然被此起彼伏的蛙鸣声笼罩着……黑暗中，那毁灭性的危险也在一步步逼近。

如果说亚马孙大蛙们白天的威胁来自长尾燕，那猫头鹰就是夜晚时分他们应该防范的对象。由于具有发达的听觉神经，猫头鹰们甚至会从几千米之外赶来，赴一场饕餮盛宴。

虽然深知其中的危险，但小科万万没想到灾难这么快就降临到自己头上。猫头鹰向来是先定位，然后突然发起攻击，而轻盈的羽毛使他们在飞行时几乎没有一点儿声响，因此一旦被猫头鹰盯上，极有可能来不及防备，就在他们这"无声的闪电战"中丧生。当小科察觉到一双明亮的眼睛向自己逼近时，猫头鹰已经近在眼前了。正当他不知所措的时候，感觉自己被狠狠地撞了一下。在滚下荷叶、落入水中的前一秒，他分明看见哥哥被猫头鹰叼在口中飞向远方。这一次，哥哥再也没有生还的可能了，因为猫头鹰通常会将捕获的猎物囫囵吞下，吐出来的只是那些不能消化的骨骼、羽毛等集结成的"食丸"。

待猫头鹰远去之后，小科忍着心痛猛然跃出水面，加入求偶大军继续鸣叫起来。他没有时间悲伤，因为在这漫漫长夜里，他并不知道自己的生命还有多长。此刻他最想做的就是尽快完成自己繁衍后代的使命，让亚马孙蝌蚪的生命奇迹继续延续下去……因为生命就是奇迹，就是——活着！

作者的话

亚马孙蝌蚪给我们的心灵产生了巨大的震撼与颠覆。这是一种生命与生命的对话。低等生物尚且都能为了自己生命拼死一搏，作为人类的我们又有什么理由轻视自己的性命呢？上苍赋予我们生命的同时，也赋予我们珍惜、热爱和善待自己的权利。如果你觉得生命灰暗，如果你感到命运不公，如果你对怎么活都感到迷茫的话，请你仔细看看本文，也许你会得到更多的启发。

在美洲大陆，有一个叫亚拉特的山谷，漫山遍野生长着耐寒的落叶松、云杉等针叶树。每到7月，这里的地面上就会长出厚厚的苔藓和地衣，吸引大批的驯鹿和美洲野牛来到这里，同时被吸引来的还有熊、狐等食肉动物。不过他们更像是这里的过客，这里的主宰是一头名叫辛格的狼王。

只要狼王辛格和他的狼群一出现，驯鹿就会吓得四散而逃，即便是狐和熊也会跑得远远的，唯恐被这个狼群追到。

这个叫辛格的狼王，不仅个头长得比别的狼壮实，力气更要大很多。但最特别的还是他的叫声，别的狼在嗥叫时，总是两只前腿站在高坡上，仰起脖子，冲着天空"嗷——呜呜——嗷——"地拉着长腔。其他狼一听，仿佛受到传染似的，也忍不住高一声低一声地叫起来。

但群狼从不和狼王辛格一起叫，只要辛格一叫，他们就会闭上嘴。他们总觉得，狼王辛格的叫声太特别了，那不是叫，而是吼，像要把嗓子撕裂一般。只见他身子紧绷，拉得直直的，尾巴也直直地和脊椎保持在同一水平线上，头略微低垂着，张开钢铸一般的大嘴，冲着地面猛地就是一声，低沉却极具穿透力。

首领怎么会发出这样的叫声？群狼始终不明白。

不管是召集同伴，还是宣告地位和领地，狼在嗥叫怒吼时都是仰起头，冲着天空。而狼王辛格却总是冲着前方嘶吼着，那叫声听起来像是一种恫吓、威胁。准确地说，更像是发现猎物后的捕杀令。每次吼叫声一落，他就会像闪电一样冲出去，群狼也会像从森林里

狼豹

●刘兴华

射出来的暗箭一般，呼啸着扑向猎物。

　　狼王辛格作为狼群的首领，手下只有四匹狼。数量虽少，但个个勇猛。这狼群就像一支训练有素的部队，除了首领，就是骨干，唯独缺少士兵。

　　亚拉特山谷属于亚寒带针叶林气候，一年中平均气温在0℃以下的月份长达6～7个月。在如此残酷的生存环境下，食物的缺乏可想而知。其他的狼群和食肉动物常常是饥肠辘辘，但以辛格为首的狼群却从没落到过那般田地。

　　对狼王辛格和他的狼群来说，捕猎轻松得就像在玩一场冒险的游戏。每次，辛格总是跑在最前面，其他四匹狼则像护卫一样，紧紧跟在后面。不管是驯鹿群还是美洲野牛群，辛格冲进去之后，总是习惯紧紧贴在猎物身边，一副并驾齐驱的样子。每当这时，受到惊吓的猎物就会拼命地向前奔跑，而辛格则会瞅准时机，一跃而起，一口咬住猎物的头，使劲儿向前一抡，颇有四两拨千斤的架势。在强大的惯性作用下，猎物那硕大的身躯硬是被抡得在空中翻了360度，然后便如一块巨石般重重落下，那冲着天空的四肢只挣扎了一会儿便一动不动了。那瞪圆了的眼睛，映着天空的流云，还有身边的落叶松和云杉，闪过一丝对世间的眷恋。

　　狼王辛格身后的四匹狼紧接着来到猎物面前，但此时他们更像侍从，静静地蹲在一边，直到狼王吃饱了，才会扑上去大快朵颐。

　　随着严寒的降临，季节就像一张越收越紧的网，把所有的食草动物和食肉动物都收拢到一个越来越小的区域。就在最后一批美洲野牛将要离开亚拉特山谷之际，尾随而来的食肉动物也在缩小着包围圈。

　　这个包围圈除了狼王辛格率领的狼群，还有从树林深处追击而来的另一个狼群。这个狼群由四五十匹狼组成，他们的肚子全都瘪瘪的，几乎缩到了腹腔内，显然已经很多天没吃东西了。他们身上的毛发失去了油

丛林生存法则——团队合作

　　在自然界中，很多动物都属于群居动物。它们以群体为生活方式，无论进食、睡觉，还是迁移，都喜欢以集体为单位行动，彼此相互关照，相互协助，在危险来临时最大程度地保护自己。

　　在群居动物中，狼是最有秩序、最守纪律的一种动物。每次行动，他们必然是分工明确、通力协作。比如，遇到野牛群时，狼群会分成几支小分队，有的负责冲散，有的负责干扰，有的则担任前锋，对野牛步步进逼。靠着这种团队合作精神，狼群很快就能制服比自己强大的动物。

亮的光泽，长短不齐地卷绕在一起。极度的饥饿感逼得他们无暇顾及狼王辛格的残暴和凶猛。为了填饱肚子，他们打算拼死一搏。

决战是在亚拉特山谷的一片开阔地带展开的。

另一个狼群的数十匹狼，像潮水一样包围过来，狼王辛格和他的四个手下瞬间就像被困在了孤岛上一般。但辛格丝毫没有慌乱，他一个跃起，跳到旁边一块石头上，这就有了居高临下的气势。另一个狼群的首领紧跟在狼王辛格的屁股后面，也要往石头上跳。这个首领肯定有两下子，不然也不会有数十匹狼归顺于他。只见他一个前扑便跳上了石头，并顺势向狼王辛格的胯下咬了过去。那地方是狼防守最薄弱的环节，如果被这条狼咬住，狼王辛格哪里还会有活路。一上来就直击辛格的要害，可见对方的首领是多么的狡猾和凶残。

狼王辛格一开始并没把对方放在眼里，也没想对这个看上去很猥琐的家伙痛下杀手，但没想到他竟然想置自己于死地。辛格被激怒了！他听到一阵恶风向自己的胯下袭来，知道那是狼首领嘴里喷出的热气。假如辛格此时稍有一丝犹豫，定会丧命于此。

狼王辛格的四个手下已经看出辛格正身陷险境，想要扑上去解救，但立刻就有更多的狼围上来堵住了他们的去路。远远望去，无数条尾巴纠缠在一起，其间还不时响起惨烈的撕扯声。

辛格依然没有慌乱。他没有转身，只见那高举的尾巴像钢鞭一样猛地甩下来，"啪"的一声击在对方狼首领的后背上。那条狼本来在石头上就立足未稳，在这样的重击下，哪里还站得住，霎时就被击倒在地。狼王辛格随之一个转身，"呼"地从石头上扑下来。那狼首领想爬起来，可还没来得及动身，就被狼王辛格铁棍一样的前脚死死地按在了地上。狼首领仰起脖子，想反咬狼王辛格的咽喉。但狼王辛格的动作更快，在狼首领转过头的瞬间，辛格露出尖利的牙齿，一口就把狼首领的头颅咬碎了。那污血顿时顺着伤口喷溅出来，就像被击漏的水管一样。只见那狼首领头一歪，身体便顺着山坡滚了下去。

只一个回合，狼首领就死在了辛格口下。那群狼立马被震慑住了，他们连忙跳到离狼王远一些的地方，不敢向前，却又不甘心离开。

狼王辛格重新跳回到那块石头上，注视着下面的狼群。他希望那群狼能知难而退，因为他并不想把所有的狼

都赶尽杀绝。

狼是群居动物，一个首领死了，其他身强力壮的狼马上就会取而代之。果然有几匹成年公狼围绕在一匹个头较大的公狼身边，悲哀地低嗥了一阵，像是在悼念刚刚死去的首领，又像是在商量着什么。接着，那几匹公狼就带领整个狼群向山林的方向跑去。

狼王辛格从石头上跳下来，尾随在狼群后面跑了几步，以为狼群逃回了山林。殊不知，他想错了……

三

都说狼狡猾，这话一点儿不假。饥肠辘辘的群狼，早就发现了跟在他们身后走走停停的灰熊。他们并不是要逃回山林，而是准备跑回去把灰熊驱赶过来。因为只有灰熊才是狼王的真正对手，也算是借力为首领报仇吧。

这头灰熊在这片森林住了很久，他熟悉这里的每寸土地，在狼王辛格到来之前，他是这里独一无二的霸主。每天吃饱喝足之后，灰熊就会在亚拉特山谷走来走去，从山谷的这面走到山谷的那面。每到一处，就会把后背贴在石头上，或者在树干上使劲蹭，在上面留下自己的气味。如果遇到树上有别的动物先前留下的标记，他就会愤怒地吼叫，然后暴躁地用尖锐的前爪把树皮剥下来；碰到一些干枯的小树，他干脆一下子将其弄断。总之，灰熊感觉整个山谷就是他的天下，他就是要在这里横行霸道，不容任何人侵犯。

一天清晨，灰熊漫无目的地游荡到山顶，竟意外地发现岩石后面藏着三个小狼崽。他丝毫没有犹豫就扑了上去。几掌下去，那三头小狼崽连叫都没来得及叫就丢了性命，最后被灰熊连皮带毛地吃进了肚子里。嚣张的灰熊怎么也没想到，自己的生命安危就此埋下了隐患……

那三个狼崽，属于一对年轻的狼夫妇。那天，他们叼着

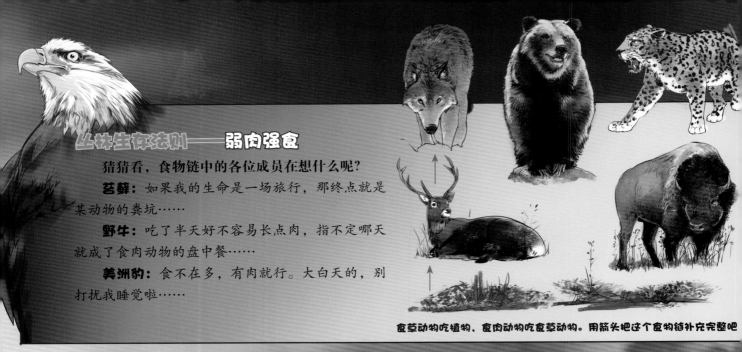

丛林生存法则——弱肉强食

猜猜看，食物链中的各位成员在想什么呢？

苔藓：如果我的生命是一场旅行，那终点就是某动物的粪坑……

野牛：吃了半天好不容易长点肉，指不定哪天就成了食肉动物的盘中餐……

美洲豹：食不在多，有肉就行。大白天的，别打扰我睡觉啦……

食草动物吃植物，食肉动物吃食草动物。用箭头把这个食物链补充完整吧

一晚上的收获兴冲冲地往回赶。就在快要到家的时候，公狼突然察觉到空气中有一股血腥味，中间还掺杂着一丝灰熊的味道。狼族的领地是不容侵犯的，警觉的他嗅着味道追了上去。可那气味却在小溪边消失了。看来灰熊虽然四肢发达，头脑却不简单。下山时，他故意到小溪里泡了个澡，好让溪水冲走自己身上的气味，免得公狼和母狼循着味道追来。就在公狼在岸边张望、徘徊的时候，一声悲痛的嗥叫响彻天际。是母狼的声音！公狼立马转身朝洞穴奔去。看到地上的斑斑血迹和瘫软在地的母狼，公狼知道自己的孩子们已经惨遭不测，一下子明白了刚才那股气味的来源。他龇着牙，呼哧呼哧地喘着粗气，两眼散发出凶狠的光芒，恨不得把凶手撕个稀巴烂。

一连几天，公狼和母狼都在山谷中四处寻找，甚至还蹚过小溪冒险搜寻，但都不见灰熊的踪影。也许是念子心切，绝望的公狼和母狼很快就找到了寄托。如果他们知道收养的孩子后来赶走了飞扬跋扈的灰熊，称霸整个亚拉特山谷，一定会倍感欣慰。

四 没过多久，陷入三面包围的灰熊便无路可逃，只能迎着狼王辛格慢腾腾地走过去。

辛格一眼就认出了这个家伙。那是一个残阳
如血的傍晚，正跟自己嬉戏的父母突然停住，
抽动着鼻子嗅了好一阵，随后慌慌张张地把自己
推到洞穴里便向山林深处跑去。等自己追上去时，
被眼前的场景惊呆了：他们正在跟一头雄壮的灰熊搏
斗！公狼和母狼如两团仇恨的火焰一般，接连朝灰熊
扑过去。只见母狼一个前跃就用尖利的牙齿将灰熊护
在胸前的一只前掌咬穿，随之用力一甩头，半只熊掌竟
硬生生地被连皮带肉地撕了下来。灰熊怎能忍受这样的
欺负，一边吼叫着一边抡起熊掌用力拍了下去。那瞬间，
辛格仿佛听见母狼脊椎碎裂的声音。可母狼仍死死地咬着灰
熊的另一只熊掌不放。公狼则趁灰熊抡起熊掌露出腹部的间
隙，一个前扑就将爪子扒在了灰熊的腹腔上，接着向外一用力，
同时张开大嘴侧头一咬，锋利的牙齿就像手术刀一样在灰熊的肚子上
切开一个大口子。

　　灰熊仰天大吼，愤怒到了极点。他抡起熊掌，连带咬住熊掌的母狼的身体
一起重重砸在了公狼身上。由于有母狼的身体做缓冲，公狼并没受重伤，但灰熊
却因此失去了重心，一下子摔倒在地。公狼趁机一仰头就咬住了他的咽喉。

　　灰熊的外表虽然给人以笨拙的感觉，但在搏斗时是十分机警、迅捷的。只见他就
地一个翻身，就把公狼压在了身体下面，想用自己的体重活活压死公狼。就在这千钧
一发之际，辛格快速蹿了出去，只是一眨眼的工夫便闪到了灰熊面前。那张开的
血盆大口把身负重伤的灰熊吓得直接跳了起来，紧接着举起两只前掌抱着头
部，再用两只后掌护住腹部，像一块大石头似的，顺着山坡滚了下去。

　　灰熊当然也认出了辛格，他至今也不明白，当初狼窝里怎么会冒出
一只美洲豹呢？

　　自打从辛格口下狼狈逃脱之后，灰熊一直心有余悸。每次想钻出洞
找点食物，似乎总能听见美洲豹那简直是乱七八糟的吼声，只好忍着饥饿退了
回来。但辛格并没有善罢甘休，带领着四匹狼将灰熊赶出了亚拉特山谷。

　　由于伤还没痊愈，灰熊只好暂时忍气吞声。但一走出亚拉特山
谷，他就傻了眼。目之所及，林木稀疏，大
部分地方是裸露的石头，只有一层薄到
可以忽略不计的苔藓和地衣。这样的
地方，食草动物又怎会光顾呢？为
了填饱肚子、早日养好伤，灰熊偶尔
会冒险潜入亚拉特山谷，时间一长便形成了
规律性的活动。因为他发现，在那里总能碰到被
其他动物弃食的美洲野牛和驯鹿，他们只是吃掉了
最肥嫩的地方，其他地方的肉甚至连动都没动。后来
灰熊知道，辛格带着从另一个狼群脱离出来的四匹公狼赶走
自己之后，成了亚拉特山谷的新霸主。而自己捡食的美洲野牛和驯

　　在动物世界，强大的食肉动
物占据着草木茂盛的地方，因为这
里是食草动物的天堂，自然丰衣足
食。而弱小动物则被排挤到荒芜地
带，因为几乎没有大型食草动物光
顾，常常食不果腹，只能勉勉强强
地活着，他们必须适应周围的环境
才有生存下去的希望。

鹿，就是他们吃剩的。想到这里，他吃得越发起劲儿了，常常将肚子撑得像球一样圆，还会挖坑把剩下的食物埋起来，留到日后再吃。他甚至摸清了狼王辛格的活动规律，尽量避免与之碰面。

渐渐地，灰熊的伤口复原了，消瘦的身体也一天天强壮起来。他开始期待严寒的降临，但并非急着冬眠，而是到了那个时候，食草动物都会选择离开，亚拉特山谷必然会出现食物短缺的局面，目前因食物充裕而暂时相安无事的两个狼群那时难免会因抢夺食物而发生火拼。等到他们两败俱伤之时，灰熊就有机会重返山林，再次称霸一方了。他之所以尾随着狼群而来，就是因为抱有这样的幻想。但他万万没有想到，自己竟被狼群推到了风口浪尖，不得不与辛格决一死战。

没容他多想，对面就传来那种像是要把嗓子撕裂一般的吼叫，辛格似乎已经怒不可遏了。灰熊立马回应了一声，活动了一下上次负伤，至今还不太灵活的手掌，也摆出应战的架势。

突然，狼王辛格猛地收紧身体，半蹲的后肢随之发力，身体就像长上了翅膀一样，一下子飞了起来，流星似地扑向灰熊的头颅。

灰熊向旁边一闪，挥起一只前掌想要抵挡。辛格这一招是想要他的命呢！就在狼王辛格身体下落的瞬间，灰熊那挥起的前掌竟被硬生生地咬了下来，"嗵"地一声被甩到地上。

灰熊一阵惨叫，紧接着把另一只前掌猛击了过去。辛格想躲，可哪里还躲得开，下落的身体重重地挨了一掌，摔在地上。灰熊趁机张开了大嘴冲着辛格的咽喉就咬了上去，而辛格也一扭头咬住了灰熊的咽喉。

辛格的四个手下见势不妙，一齐扑到灰熊身上乱咬一通。灰熊没有挣扎，只是紧咬着辛格的喉咙不放，鼻腔里不断发出痛苦的呻吟声。看来，他是想和辛格同归于尽呢。

- **关键词**：勇猛、迅捷、有力
- **杀伤力**：★★★★★
- **得力武器**：强有力的下颚、尖利的牙齿
- **杀手锏**：破头功（直接咬破猎物的头盖骨）
- **特长**：奔跑、攀爬、游泳（堪称全能冠军）

僵持之下，先前退回山林的群狼重新反扑上来，计划着将辛格、灰熊和四条叛离的狼来个通杀，然后霸占亚拉特山谷，而最后一批迁徙的美洲野牛也将成为他们独享的美餐。一时间，此起彼伏的狼嗥、惨叫声响彻亚拉特山谷。

辛格一边将犬齿深深地嵌入灰熊的咽喉，一边试图转动身体挣脱灰熊的大口，以便找到变被动为主动的时机。可灰熊的身躯实在太庞大了，再加上不断有狼扑上来，脚下一个不稳竟被灰熊压在了身下。照这样下去，即使灰熊一动不动，辛格也会没命的。

就在这时，一声撕裂喉咙般的吼叫传来，仿佛将激烈的打斗一下子定格了。这声音，不就是狼王辛格叫声的翻版吗？这一吼声传来，辛格也打了个激灵。还没搞清楚怎么回事，只见一个金黄色的身影从山坡上直奔灰熊而来，只一口就把灰熊的头骨咬碎了。辛格使出最后的力气用力一蹬，终于站起身来。顾不得喉咙处钻心的疼痛，顾不得粘在身上的泥土和草屑，他径直朝着救命恩人奔去。跟自己如出一辙的斑纹和吼声，再加上此时扑面而来的熟悉气味，让辛格第一次有了安全感和归属感。尽管之前公狼和母狼对他呵护备至，他却从未有过这种感觉。

成年雌性美洲豹也迎上来，低下头轻轻地舔舐着辛格身上的伤口。沉睡的记忆终于被唤醒：刚出生没多久，他就被失去幼崽的母狼带到了亚拉特山谷。尽管在公狼和母狼的照顾下渐渐适应了狼群的生活，却总觉得自己不属于这里。他不止一次地想过要离开，但灰熊的出现和对公狼母狼的残杀令他改变了主意。

这时，美洲豹抬起了头，一边对着辛格不停地轻唤着，仿佛在说："妈妈终于找到你了，我们回家吧！"一边向亚拉特山谷的出口走去。辛格不由自主地跟了上去，昔日的狼王此刻只是一个想要追随母亲的孩子。

可刚走了没几步，辛格就停住了。身后的厮杀声不绝于耳，那些声响一次次地提醒着他——那些曾经跟随自己的兄弟此刻正身处险境！难道自己就这么离开吗？走在前面的美洲豹疑惑地望着辛格，却见辛格走上前来，在自己的脖子上蹭了蹭，便转身扑向了厮打在一起的狼群。美洲豹愣住了，但随即回过神来紧追了上去。

辛格是美洲豹，但狼王的身份亦不可抹杀。也许，这就是他的传奇和宿命……

仔细阅读本章，你就能回答出以下问题：

狐狸真的吃鸡吗？

鹰是狐狸的天敌吗？

北极熊主要以捕食哪种动物为生？

海象的体重能达到一吨，这可能吗？

人类的身影靠近了

在深山里，住着一群自由自在的狐狸。有一天，猎人来了，打破了狐狸的平静生活。他的家人不停被人类抓走，关进铁笼子，失去了生命。孤零零的公狐该何去何从？在北极，冰川正在一点点消融，北极熊能捕获的食物越来越少，它们不得不来到人类的领地，却遭遇了人类的猎枪。它们想过更安定的生活，可是，能去哪里呢……

狐松

●吴军辉

一

夕阳的余晖洒向金色的大地。吃饱喝足了的小公狐和两个妹妹在山坡上尽情奔跑着、欢呼着，它们刚刚捕食到一只野鸡。那鼓涨的肚子需要活动活动才能消化下去。它们并不知道自己就要被父母赶出家门了。和许多野生动物一样，在狐狸的家族中，小狐们一旦长到能独立捕食时，公狐和母狐就会毫不留情地将它们赶出家门。这些小狐狸将从此独立生活，直至来年春天，重新组建新的狐的家庭。公狐和母狐用冷漠的目光看着三只在原野上玩耍的小狐狸，它们决定从今天起不再让这三只小狐狸走进家门。玩累了的小狐狸们撒着欢儿向家跑来，它们想依偎在妈妈蓬松的大尾巴边舒舒服服地睡上一觉。公狐用身子挡住洞口，而此时的母狐正躺在洞里闭着眼睛休息，似乎外面发生的一切与它毫无关系。三只小狐狸边左蹦右跳着边想钻进洞去，公狐一边用身子挡着想进洞的小狐狸一边准确地用一只前爪将它们打倒在地……洞里休息的母狐终于忍不住了，它爬出洞来，看了一眼正在努力扑打的公狐，然后用捕食野兔般的速度扑向小狐，用尖锐的牙齿在小狐们的背上、腿上狠狠咬去，它要用牙齿让小狐们知道，这个家从此不再属于它们。三只小狐狸哀号着向四处跑去。小公狐跑呀，跑呀，直到它确信母狐再也追不上自己了才停下脚步，望望身后，两个妹妹早已不知跑到哪里去了。天渐渐黑了下来，小公狐低声号叫着钻进附近一个杂草丛。夜的寒冷、母狐给自己留下的伤痛以及随之而来的饥饿使它颤栗。望着满天的繁星，小公狐怎么也不敢相信今天发生的一切。耳旁的野草蓬蓬松松的，像母亲的大尾巴，疲惫的小公狐不知不觉竟睡去了。

天渐渐亮了，近处野鸡妈妈呼唤小鸡的声音吵醒了熟睡中的小公狐。它机警地望着不远处的野鸡妈妈，一阵阵饥饿感使它暂时忘记了母狐留给自己的疼痛，它决定先填饱肚子再说。小公狐匍匐着，小心翼翼地靠近鸡妈妈和它的孩子们。鸡妈妈很快发现了小公狐，它"咯咯"叫着，展开两个翅膀让小鸡们钻进去，边警惕地盯着小公狐，边召唤着鸡爸爸。小公狐看着和自己差不多大的鸡妈妈，一时不知从何下嘴。如果此时父亲、母亲和妹妹们在身边，对付这只母鸡和几只小鸡是件非常容易的事情。小公狐试探着靠近鸡妈妈，鸡妈妈脖子上的毛马上竖了起来，"咯咯"叫着警告小公狐不要靠近自己，小鸡们恐惧地发出"唧唧"的叫声，使劲往鸡妈妈翅膀里钻。突然一只小鸡被别的小鸡从翅膀下挤了出来，小公狐猛地扑了过去，准确地将小鸡叼在嘴中。惊慌的鸡妈妈一跃而起，用爪子狠狠抓在小公狐脸上，小公狐顾不上疼痛，叼着小鸡飞似的跑了。

吃完小鸡，小公狐感觉舒服了许多，它没有目标地在原野上走着，不知不觉走到了家门前。它看见不远处两个妹妹也在徘徊着，它们身边的草已被践踏得东倒西歪，看来它们是一夜没有离开这个地方。夜出捕食的公狐和母狐回来了，昨晚它们的运气很不好，只叼着几颗野果。两只小母狐犹豫地走近母狐，它们是希望能在刺眼的太阳光来临之前回到家里好好休息一下。母狐低声"呜呜"着发出警告，并露出尖尖的牙齿。小母狐不知趣地靠近母狐，母狐将野果放在地上，再次以捕兔般的速度扑向它们。小公狐看着被母狐撕咬得四处乱跑的妹妹，冲着家的方向深情地"哀号"了几声，转身走了。它必须尽快找个安身之处，因为白天对于狐狸来说是可怕的。很快，小公狐便幸运地找到了一个还算不错的洞穴，这个洞显然是獾留下的，有几个通道、几个洞口，洞外的环境也不错。这个洞穴处于一片灌木丛生的山坡上，坡底有一脉涓涓不息的山溪。凭气味，小公狐知道洞穴的主人已离开好几天了，它决定先在这里休息一下。

洞穴的主人看来是个聪明的家伙，食物的储藏室里竟用野果饲养着几只被咬断了四肢的山鼠。狐是没有这种本领的。小公狐毫不客气地吃了两只，没有四肢的山鼠格外肥美。小公狐将头靠近洞口躺了下来，这样一旦主人回来了，它就有机会逃走了。

当夕阳的余晖再次洒向大地之时，就又到了狐觅食、活动的时间。虽然小公狐判断洞穴的主人也许再也回不来了，而且洞里还有几只山鼠，但它还是决定出去转转。它走到溪水边，把头整个扎进水中。水

很凉，激得小公狐头皮发麻。它像马一样昂起头，抖了抖水珠，向黑暗中走去。月光下，狐能看清每一只昆虫，甚至每一粒尘土。一阵新鲜的肉味传过来，它顺着气味走去，那是一块新鲜的肝脏。它当然不知道这是猎人为了捕杀狐、獾等动物设下的毒饵。狐生就的多疑使它围着肝脏转了几圈，它确信这肝脏没有问题后，便叼起肝脏准备带回洞中。突然，四个星星般的亮光出现在不远处，它停下脚步。那四颗"星星"怯怯地向它靠近，看清了，那是它的两个妹妹。看来，这两个小家伙是饿坏了，看着哥哥嘴里的肝脏低声哼哼着。小公狐将肝脏放在地上，然后退后一步蹲在那里，意思是：吃吧！两只小母狐高兴地跑了过去，津津有味地咀嚼起来。夜的来临以及身旁哥哥的守护，使它们感到特别安全。吃完后，它们走到哥哥身边，用舌头轻轻舔着小公狐。突然，一只小母狐痛苦地嘶叫着倒在地上打滚，那黄褐色的毛和地上的泥土、杂草混在一起，接着是另一只。看来，这是一种烈性毒药，不到一分钟时间，两只小母狐便一动不动了。小公狐惊恐地看着两个妹妹，它忽然想起，应该把它们拖到山泉边，凉凉的泉水也许会激醒它们。正在这时，一阵杂乱的脚步声传来，小公狐纵身跳进旁边的灌木丛。它看见三个年轻男人嘻笑着将两个妹妹装进了一个口袋里。

　　跟踪是狐与生俱来的本领，小公狐尾随着三个男人走了很远。它还发现他们将妹妹和用铁夹子捕到的几只野兔、用铁笼子捕到的一只獾一起装进了帆布口袋。未死的野兔和獾在口袋里拼命挣扎着，一个男人将扎紧的口袋放在地上，用一根粗木棍狠狠击打，一小会儿，那口袋中的动物便不再动了……小公狐匍匐着，小心翼翼地靠近摩托车，它是想把两个妹妹抢回来。这时，另外两个人又提着一个帆布口袋和一堆铁夹子、铁笼子走了过来。抽烟的人走过去接伙伴手中的东西，小公狐趁机一跃，跳上了摩托车，用尖锐的牙齿使劲咬着帆布口袋。没容它多咬几下，人的脚步声又传来，它还没来得及逃跑，男人又将一只袋子和一堆铁器扔进偏斗。随着摩托车"嗡"的一声响，小公狐的身子随摩托车抖动起来，它并不知道自己就要随着摩托车离开这座山了。

二

　　小公狐一声不响、一动不动，冷静地缩在偏斗里。残酷的野外生活使许多野生动物面对突发事件时能够异常镇静，狐也一样。摩托车颠簸了一个多小时，在一个大大的院子里停了下来。此时，东方已泛起鱼肚白。劳累了一夜的年轻人顾不上收拾车内的猎物便去休息了。小公狐轻轻扒开挡在面前的铁夹子，从车里跳了出来。它细细打量着陌生的院子，院子的东南角有一堆玉米秸，紧靠着玉米秸的是几个铁笼子，它一眼便看到笼子里关着几只懒洋洋的狐狸。小公狐疾速奔向秸秆堆，它必须在天亮之前找个藏身之处。太阳慢慢从东方升起，院子里和街上女人做饭的声音、小孩的啼哭声、鸡的鸣叫声以及远处的汽车喇叭声混在一起，使小公狐很长时间不能适应。做饭的女人走近秸秆堆，抱了一捆秸秆去生火。藏在里面的小公狐紧张得心都快跳出来了，它差点要从里面跳出来，好在那女人抱了捆秸秆便离开了。

　　一阵女人的"呜呜"声和敲盆子的声音使小公狐忍不住探出头来，它看到女人正敲着盆子走近笼里的狐狸，将盆里的食物倒进笼前的木槽里。那些狐狸纷纷伸出脑袋"啧啧"吃着木槽里的食物，小公狐感觉它们就像被獾咬掉四肢的山鼠。再向院子中间望去，小公狐吓了一大跳，它发现妹妹已被吊在一根木柱子上，一个男人正用锋利的小刀剥下妹妹的皮。那男人脚下是一张剥好了的獾皮，和一具剥了皮的、血淋淋的獾的尸体。小刀在妹妹身上一下下地割，小公狐不知什么时候叼起一块石头在嘴里咬得"嘭嘭"作响。一种液体滴在它脚下的黄土地上，黄土地贪婪地吸食着这种液体。不，那不是泪，狐是不会流泪的，它只会流血！

　　夜的来临如兴奋剂一般注入小公狐的体内，它悄悄从秸秆堆里爬出来。小公狐先是到木槽旁贪婪地

吞食笼中的狐留下的食物，它丝毫没把笼中狐"呜呜"的抗议声放在心上。两个妹妹的皮被高高地挂在墙上，小公狐费尽气力向上跳也只是能够到妹妹的尾巴尖而已。它看到院里有个小木凳，于是用嘴将木凳拖到墙下。站在凳子上的小公狐使劲向上一跳，叼住了妹妹的尾巴，凭借身体的重量将挂在木棍上的狐皮拽了下来，接着又拽另一张。小公狐叼起两个妹妹的皮，猫一样爬上墙角的一棵歪脖子树，跳出院子，向远处的山跑去……

太阳升起来前，小公狐终于拖着两个妹妹的皮一磕一绊地回到了獾留给它的家中。它狠狠地吃掉了两只没有四肢的山鼠，像是吃笼中那些狐狸的食物，其他的山鼠吓得"吱吱"作响，在地上蠕动。

当皎洁的月光洒向大地时，小公狐将两个妹妹的皮放在山溪中。它并不知道人们称这为水葬，它只是希望这神奇的月光和清凉的溪水能使妹妹死而复生。小公狐哀号着，跟随两个妹妹的皮，沿着山溪走了很远，那凄楚的目光明显是在向亲人告别……

三

随着叶子变得枯黄，冬天到了。这个季节对所有的野生动物来说，都是一个考验，食物的匮乏与冰封的大地使许多野生动物从此长眠于枯草丛与石缝中。

小公狐，不，现在它已长成一只年轻健壮的公狐，这只公狐要比它的同类高大许多，那黄褐色的毛被冬日的夕阳涂抹成一片金色，犹如黄金铸就一般。我们权且将它唤作金狐吧！

金狐蹲在山溪边，望着水中的尾尾鱼儿。这家门前的山溪成了金狐冬日取之不尽的粮仓。金狐慢慢步入溪中，冬日的山溪总是冒着雾腾腾的热气，显得格外温暖。金狐一动不动地站在溪水中，它知道在水中自己远不如鱼儿灵活，只能等鱼儿进入自己的袭击范围后方能捕食。一尾半尺长的草鱼误将金狐蓬松的大尾巴当成了水草，悠闲地游了过来。金狐盯着靠近自己的猎物，那眼中射出的光似乎能把鱼儿穿透。一个漂亮的俯冲，使溪面溅起一片洁白的水花。当金狐抬起头时，那尾愚蠢的草鱼已吻在它的嘴中。

　　冬季也是猎手们捕猎的好时节，山上"呼啦"一下来了许多人，铁夹子、毒饵、陷阱弄得满山都是，土枪散发出刺鼻的火药味。金狐小心翼翼地走在这块生养它的土地上，对每一块新移过的草石，它都小心地绕开。对于地上一块块鲜美的肉食和果子，它是从来不碰一下的，有时还会在肉食附近撒些尿以告诫别的动物。一只野兔禁不住几把枯草的诱惑，被铁夹子夹住腿，在地上苦苦挣扎着。金狐看着被夹着的野兔既不敢贸然上前，又不忍离去。它从附近叼起一块石头，用力向铁夹子甩去，看看并没有什么反应，接着又叼起几块石头甩过去……当确信没有危险后，金狐一跃扑向野兔，用那锋利的牙齿咬断被夹着的野兔的腿，叼起野兔向家跑去。

　　春的到来，为经过了一冬的荒山注入了生机，草儿偷偷地从地下钻出来，嫩嫩的、绿绿的，点缀着土黄色的荒山。春天是动物交配的季节，许多新生命都将在这个季节孕育。山上捕猎的人们已明显减少。夕阳下金狐尽情地奔跑在春的山坡上，走个狐步，打个滚儿，舒展舒展筋骨来驱散冬天带来的压抑。一阵异性的气味顺风飘到金狐的鼻子里，它顿时兴奋异常，它知道一只母狐就在附近。果然，在一块平整的大青石上，一只红褐色的母狐蹲在那里，宛如一团火在青石上燃烧。金色的夕阳、火红的狐狸、平整的青石、绿色的小草……搭配成大自然最美丽的图画。这只红狐把头抬得高高的，把胸挺得鼓鼓的，骄傲地蹲在那里。如果此时在它头上戴上顶皇冠，那必将是绝对雍容华贵的狐的皇后。金狐呆呆注视着红狐，红狐的美令它吃惊，这世上竟还有如此美丽的狐狸。金狐用爪子梳理了一下唇边的胡须，踩着狐步，绅士般走向红狐。它轻轻吻了一下红狐蓬松的大尾巴，红狐特有的芬芳使金狐一阵晕眩，幸福的快感如过电般传遍它的全身。

突然，一只鹰出现在天空。鹰是狐的天敌之一，它的出现使这两只狐狸不禁一阵恐慌，它们连蹦带跳地向灌木丛窜去。鹰潇洒地在空中盘旋一圈，然后敛翅收爪，箭一般射向红狐。鹰的爪子已抓住红狐的背，眼看就要将它抓离地面，金狐毫不犹豫地一跃而起，尖利的牙齿狠狠咬在鹰布满鳞片、铁一般的腿上。一个奇特的景象在夕阳下出现了，一只鹰尖叫着将两只狐狸同时拖离地面，当飞到三米多高时，两只狐狸又同时掉在地上。鹰惨叫了一声飞走了，惊魂未定的红狐感激地看着金狐，它发现金狐嘴里竟叼着那只鹰铁钩般的爪子。

几个月后，山泉边金狐的家里，两只小狐狸出生了。看着埋头幸福地吸吮奶头的小狐狸，金狐突然间想起了自己的父母和两个妹妹。

洞前的溪水哗哗地流着，金狐一家子踏着皎洁的月光来到溪水边。红狐的尾巴在水中水草般地轻轻摆动，它在教小狐狸如何捕鱼。金狐卫士般蹲在岸边警惕地望着四周，它容不得任何动物伤害自己的娇妻、幼子。

仿佛只是一夜之间，这山上一下子涌上来好多人。这次人们并没有将铁夹子、毒饵撒满山，也没有扛着土枪到处转，而是到处找什么稀有矿石。想发财的人们将雷管、炸药塞进石缝里，埋在山坡上。如雷般的爆炸声将山震得"哗哗"直响，山上的动物或是怯怯地躲在犄角旮旯儿里，或是被吓得满山乱跑。

金狐镇静地和红狐、两个孩子躲藏在温暖的窝里。这采矿的炮声是属于白天的，夜里它们一家子照样出去捕食，只

是比平日小心了许多。这日，山上炸碎的石头竟然落到金狐的门前。晚上，金狐决定不带小狐狸出去捕食，它和红狐十分小心地走在这熟悉又陌生的山石草木之间。连日的采石使附近的小动物纷纷远逃，这给狐狸夫妇的捕食带来了许多困难。一夜的忙碌之后，金狐夫妇只叼着几颗野果悻悻而归。

在走近家时，金狐闻到了一股人的气味，它忙将果子藏在草丛中，和红狐小心地靠近洞口。金狐大吃一惊，它发现两个孩子不翼而飞。金狐夫妇凭着狐特有的追踪本领，顺着人留下的气味一直追到半山坡的一座石头垒成的房子前。从窗口望去，它们看见一个年轻人正用馒头挑逗着关在铁笼里小狐狸。小狐狸畏缩在笼子角"呜呜"地哀叫着……红狐看了看附近没有其他人，便迅速从门口冲进房里。正在逗小狐的年轻人一下子愣住了，多么漂亮的狐狸呀！红狐一跃跳到了靠近窗子的桌子上，又从敞开的窗口跳了出去。回过神的年轻人顺手拿起桌上的猎枪冲出房门追赶红狐。金狐趁机冲进房里用尖锐的牙齿咬着铁笼想把小狐救出来。但它的牙齿却奈何不了这用细钢筋焊成的铁笼子……

一声枪响从远处传来，金狐愣了一下，又开始咬铁笼。一阵脚步声由远而近，金狐只得跳上窗边的桌子。金狐准备逃走，它看见了正提着红狐进门的年轻人，当然那人也发现了它。红狐还没有死，血顺着那美丽的毛流下。它那已垂下的头使劲抬起，看看仍关在笼子里的小狐，眼里流露出无限的悲愤。当它瞥见正呆呆地站在桌上的丈夫时，用尽最后气力嘶叫了一声，似乎在说："快跑呀！我的爱人！"

金狐的眼里喷射出无比愤怒的火焰，它如箭般冲向那一手提着枪一手提着妻子的人，它要把这个抓子、杀妻的家伙咬烂、撕碎。年轻人慌忙扔掉红狐，举枪射向金狐。金狐看见一团火从那枪膛里喷出，它并没有躲，而是直直地冲了过去。由于紧张，年轻人并未击中，枪膛射出的铁沙子使地上冒起一股烟。年轻人忙抬脚去踢冲上来的金狐。愤怒的金狐纵身一跃，闪开后，在年轻人的腿上狠狠咬了一口。在年轻人痛苦的尖叫声中，金狐叼起红狐向远处跑去。

狐心碎的哭号响彻山的上空。朝霞从东方渐渐燃起，金狐慢慢地将红狐放在大青石上。朝霞中，红狐如火在青石上燃烧。金狐低声哀叫着，用嘴一下一下轻轻地为妻子梳理皮毛。它将红狐身上的血迹一点点舔去，它要让妻子干干净净地走。金狐拖来了许多树枝，搭在红狐的周围，树枝形成一个金字塔屹立在晨光中。太阳光已变得有些刺眼了，金狐用力注视着天上燃烧的火球，它分明看到红狐慢慢站起，用多情、关切的目光看着自己，似乎在说："亲爱的，我走了，你要照顾好我们的孩子呀！人太坏了，你可要处处小心呀！我在天堂等着你……"它清楚地看到一顶耀眼的皇冠戴在红狐的头上，那天空中燃烧着的分明是两个太阳……

红狐慢慢地飞上了天空，它长出了一对血红的翅膀，在轻轻地、轻轻地向挚爱着的亲人告别！

四

秋天到了，金狐显得苍老了许多。它不知不觉又回到父母的家中，凭气味知道母狐仍住在这里，一股亲情的冲动使金狐禁不住走进洞里。洞中的母狐显然是病了，已奄奄一息，凭气味金狐知道公狐已很久未回来了。母狐警惕地望着金狐，它已认不出自己的儿子了，或是根本没想到儿子还活着。母狐"呜呜"地叫了两声又瘫倒在地，它实在太虚弱了。金狐知道母亲需要用食物

来补充体力。山上的小动物越来越少，连山溪里的鱼也因人们的捕食越来越不易捉到了。金狐在山上转了许久，最后在一块新鲜的肉前停了下来，凭经验它知道这块肉是没毒的，但它更知道一旦叼上这块肉便会被铁夹子牢牢夹住。平时它是绝对不会靠近这肉的，它曾亲眼看到一只狐狸被夹在这上面。但为了病中的母亲，金狐还是决定试试。

金狐极小心地靠近那块肉，然后轻轻将肉咬住。当没有发现异常情况后，它猛然一跃，但还是晚了，铁夹子毫不留情地打在它的一只前腿上。一阵钻心的痛使金狐很快明白了自己的处境。金狐毕竟与众不同，它极冷静地将肉放在一边，毫不犹豫地冲自己被夹住的腿上咬去……只是一小会儿，它那本属于自己的前爪便与身体分开了，整个过程金狐甚至连哼都没哼一声。

金狐叼着肉一瘸一拐地走进母亲的洞中，山野上金狐的血滴成一条细细的、暗红色的弧线。肉的香味使奄奄一息的母狐顿时来了些许精神。看来这只母狐已很久没有吃到东西了，它根本没有注意到儿子已成残狐，也没有怀疑肉的来历便大口大口吞食起来。

残阳从大地上消失之时，金狐正站在和红狐初次相遇的大青石上。它无比留恋地望了一眼这养育过自己，曾使自己欢乐、痛苦、愤怒的土地，一拐一拐向山的深处走去……两颗晶莹如珠般的液体顺着金狐的眼角落下。不！不！不！狐是没有眼泪的，但那眼角分明落下的又是什么呢？

恐怖的温暖

●岑妙雪

3月，阿拉斯加西北海岸依然被冰雪覆盖着。耀眼的阳光下，一只一岁多的北极熊小天带着刚5个月大的弟弟小海在母亲丽莎身边打闹嬉戏着，刚从冬眠中苏醒过来的他们显得异常兴奋。突然，小天撇下小海向远处跑去，头也不回。小海一下子慌了神，伸直脖子使出全身力气朝小天离开的方向大喊，而回应他的却只有呼呼的风声。

小海猛地睁开眼睛，周围一片黑暗——原来又是梦。他翻了个身，往妈妈怀里钻去。

1 小海是去年11月初出生的，一出生就跟着家人冬眠了。那时的他第一次看见银装素裹的世界，对什么都充满好奇。一天，他竟独自爬上了一处陡峭的雪壁。当丽莎和小天发觉时，小海正沿着一段斜坡往下滑，不时发出兴奋的喊声。丽莎无奈地摇摇头，小天则紧张地跑过去，生怕弟弟出什

么意外。看到小天对小海照顾有加，丽莎毫不担心地慢慢踱着步走过去。

突然，一声低沉的吼声传来。丽莎打了个寒颤，循声望去，是泰臣——一头雄性北极熊，远近闻名的霸王。而此时，他就站在离孩子们不远的地方。

丽莎昂起脖子发出警告的信号，可泰臣根本不把体形只有他一半大小的丽莎放在眼里，一边龇牙咧嘴发出恐怖的声音，一边朝孩子们逼近。小天本能地将小海护在身后，却不知接下来该怎么做，腿似乎也不听使唤了。

眼看着两个孩子在泰臣触手可及的地方即将受到伤害，丽莎猛地一跃，扑到了泰臣的后背上，身材魁梧的泰臣打了个趔趄，并没有倒下。他一把抓住丽莎的肩膀将她摔到地上，尖利的爪子刺破她的皮肤，鲜血汨汨而出。小天突然反应过来，一把将小海推开，扑到泰臣身上，挥舞着前臂敲鼓似的拍打起来。泰臣恼羞成怒，咆哮着将小天扯下来摔向

52

知识小链接

北极的冬季一般从11月持续到第二年4月，在这期间，北极熊会有一段时间不吃不喝，进入局部冬眠——一旦遇到紧急情况会立刻苏醒。3月初，它们会走出洞来寻找食物。此时长时间未进食的北极熊体重甚至会减少到原来的一半。北极熊主要捕食海豹，但在春夏之交也会吃海草，夏天还会吃浆果和植物根茎。

冰冷坚硬的地面。这一刻，丽莎心如刀割，她忍着剧痛站起身，从侧面再次发起攻击。饿熊很可怕，护仔的母熊更可怕！狡猾的泰臣似乎深知这一点，巧妙地闪躲开，叼起小天便跑了。

丽莎艰难地挪动着步伐想要去追，视线却渐渐模糊，最终她还是倒下了……

那天的一幕幕始终清晰地印在小海脑中。想到这里，他心疼地舔了舔妈妈肩膀上的伤疤，不由得流下泪来。

2 接下来的日子就只剩小海和妈妈相依为命了。寻找食物是他们最主要的生活内容。

一天，在冰面上猎食的丽莎突然放轻脚步，灵敏的嗅觉告诉她，不远处的冰层下正藏着一只小海豹。美食的味道让丽莎很是兴奋，但她并没有轻举

妄动。只见她每迈出一步都轻拿轻放，还抽动着鼻子，追踪着小海豹的味道。突然，她猛地跳起身，伸直前臂用两个宽厚的前掌向冰面砸去。每砸一个洞都停下来"闻闻"小海豹的去向，紧接着再砸。最后，丽莎猛一用力，甚至把脑袋也探了进去，冰刺划破了她肩膀上的旧伤疤，她却丝毫没有察觉。不一会儿，就见她叼了一头小海豹上来。

小海快步冲上前，两只眼睛一眨一眨，泛着兴奋的光芒："是海豹吗？是海豹吗？哥哥说海豹是世界上最美味的食物！"这可是几个月来的第一顿大餐，丽莎黯淡已久的眼睛重新焕发出神采。她一边应答一边将海豹的肚子咬开："是啊，是海豹！快吃吧，孩子！"丽莎把脂肪最厚的地方留出来给小海，自己啃着边边角角，眼角的余光

却瞥见小海一动不动，抬头一看，他的眼里竟溢满了泪水："怎么了？"小海盯着雪地上皮开肉绽、鲜血淋漓的小海豹哽咽道："我想起了哥哥……"丽莎不知道该怎么回答，只感觉胸口一阵阵发疼。

"我们这样吃别人的孩子，不就跟坏蛋泰臣一样可恶了吗？"小海话一出口，丽莎顿时没了食欲，脸色一下阴沉下来，胸口的疼痛仿佛化作了一团火，烧得她烦躁起来。

"现实就是这样，弱肉强食。要么他被杀死，要么你被饿死。"丽莎扔下这句话便离开了。妈妈严肃冷漠的表情让小海不禁打了个寒颤。他在原地徘徊着，哥哥被饥饿的公熊抢走时的场景一遍遍在脑海中回放，"弱肉强食"四个字一遍遍在耳边回荡。还不满一岁的他，已经不得不面对自然界的残忍。最后，他含着泪将海豹肉一口口咬下，咀嚼、吞咽……

3 成年北极熊每四五天吃一头海豹才能维持健康。可是，不断消融的冰面使捕食变得愈加艰难，十次能成功一次就不错了。"轰"的一声，又一块巨大的冰雪断层掉进了海里。天气越来越暖和了，这可不是个好现象。现在小海每天都要跟着妈妈走几十甚至上百公里去寻找食物，却收获无几。恰在这时，不幸的事又发生了——丽莎的伤口感染了。本来接连几日的劳顿已经将她折磨得虚弱不堪，伤口的疼痛更是雪上加霜，丽莎病倒了。

"怎么办？怎么办？怎么办？"刚刚失去哥哥的小海有种不祥的预感。他在丽莎身边来回徘徊，难过得不知所措，最后竟依偎着丽莎睡着了。梦里，他又看见了哥哥。哥哥带他在雪地上溜冰、将脂肪丰富的食物留给他吃，形影相随地保护他的安全……突然，哥哥又消失了。小海再次从梦中惊醒，无边的黑夜夹杂着冰冷的雪花从四面八方袭来。但这次他没有往妈妈怀里钻，而是趴到丽莎的肩膀上护住了那感染的伤口：妈妈，以后就让我来保护你吧……

气温一天天升高，冰雪消融的速度更快了，能站在上面捕食的冰面已经少之又少。为了防止在自己外出捕食时发生意外，小海把妈妈劝到了陆地上，找了一些草叶、草根放在她面前才离开。

他又回到离海不远的冰面，学着妈妈的样子仔细闻海豹的味道。不知走了多久，一阵熟悉的味道传来，小海一下子兴奋起来——是海豹！他加快

脚步，循着味道传来的方向小跑而去，味道越来越浓，海豹离他越来越近，小海也越来越兴奋，脑海里甚至浮现出妈妈看到海豹时惊喜的样子、吃肉时享受的样子……突然，伴着清脆的"咔嚓"声，脚下的冰面似乎晃动了一下。小海定住，紧张得屏住呼吸——在他奔跑时产生的震动下，本来就不太结实的冰面要裂开了！

断裂声接连传来，小海迅速趴到冰层上，紧紧地贴着冰面，小心翼翼地匍匐前进。可是冰面的碎裂已经无法阻止，他还是陷进了冰冷的海水里……

当小海睁开被日光刺痛的双眼时，他已经认不出自己身在何处，只记得自己一个劲儿地游啊游。不觉又打了个寒颤，感到身上一阵阵发冷，他匆忙躺在雪地上蹭了蹭，然后站起来。稍作休息后便再次上路，找食物始终是最主要的。

他俯身在冰层上一边闻，一边小心前行。近了，更近了……突然，他跳起身，伸直前肢向雪地击去。只听"啊"的一声，他凿出了一个洞，却也弄疼了自己的手掌。他又接连凿了好几个洞，可每次海豹总是从手边溜走。小海直起身，迅速向前挪了几步，想抢在小海豹逃跑之前下手，谁知又扑了个空——小海豹摆了摆尾巴，从冰层下面的通道游向了大海深处。

艰难地寻找了一天，小海只收获了一小块海豹肉，那还是北极狐埋起来的。夏天之前，北极狐一般都是靠北极熊的残羹剩饭过活，现在自己却要靠北极狐的存粮填饱肚子，多么讽刺。小海苦笑了一下，仿佛领略到生存的艰辛……

眼看着妈妈一天天憔悴下来，小海又着急又心疼，接连几次找到海豹但都没有成功捕到手的他愈发沮丧："妈妈，我们干脆搬家吧！"

"搬家？那比找食物困难得多，也危险得多。还是再坚持一下吧，冬天很快就会来了……"丽莎的口气听起来不容反驳。想到妈妈现在虚弱的身体不适合远行，小海便没有坚持。

知识小链接

北极熊是游泳健将，宽大的熊掌如桨一般非常利于游行。但它们对潜水实在不拿手，每次见海豹等猎物潜水而去就只能望洋兴叹。它们的嗅觉十分灵敏，能闻到3千米之外动物脂肪燃烧发出的美味。鼻子可是它们捕食的重要工具。

其实，没有谁比丽莎更了解现在的窘境。失去小天之后，她比谁都希望能换个地方生活。但搬去哪里、以现在的体力能不能顺利到达、一路上会不会有别的状况……一切都是未知，在有充分的准备之前她不想让小海跟着自己冒险。夜色中，丽莎拍打着小海瘦弱的身体，抚摸着那累累伤痕，又望了望不远处的点点灯光，心里做了个决定。

4 半夜，小海被肚子咕咕的叫声吵醒，却发现妈妈已经不知去向。他四下张望，始终不见妈妈的身影。强烈的饥饿感再次袭来，他决定先去找吃的，也许会大有收获呢，到时候正好给妈妈个惊喜。

他怎么也没有想到，妈妈此时此刻正在跟雪橇狗斗智斗勇——她冒险闯进了人类的居住区。都说北极熊非常可怕，是唯一会主动攻击人类的动物。但此时的丽莎并不想伤害任何人，只是想找点食物而已。可房前拴着的一条雪橇狗却不这么认为，他疯狂地朝丽莎咆哮着，激动地上蹿下跳，扯得铁链哗啦作响。丽莎没有理会，低吼着向雪橇狗步步紧逼，眼神异常冷峻。雪橇狗只能一步步后退，不断发出呜呜的声音，似乎并不甘心就这

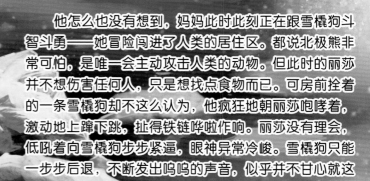

样被吃掉。当丽莎走得足够近时，狗猛地跳起，扑上去一顿狂咬。丽莎被激怒了，直立起来，挥舞着前臂一把将雪橇狗扯下。但雪橇狗并不服输，再次跳起来扑向丽莎。丽莎慌忙向后退去，雪橇狗受到铁链的牵扯挣扎着用后腿站立起来，可任他怎么扑腾，还是够不到丽莎。丽莎正准备再次发起攻击，却听见人类的说话声，还有子弹上膛的声音。她忿忿地瞪了雪橇狗一眼，赶紧躲进了旁边的草棚。丽莎并不甘心：我冒着生命危险而来，怎么能空手而归？一阵腐烂、酸臭的气味传来，她强忍着刺鼻的味道跑过去翻找起来，凭着出色的嗅觉挑出一包她认为可以吃的东西。她继续翻找着，却没察觉，几个猎手已经在周围埋伏好了……

"砰砰"的枪声突然响起，小海立马放下嘴里拖着的一具尸骨，警觉地望向四周，心里有种不祥的预感。他加快脚步往家赶，嘴里依然咬着那具尸骨，虽然肉已经不多，而且已经腐烂，但至少能缓解他们的饥饿。

远远的，他就看到了妈妈的身影。他兴奋地冲上去，想要告诉她自己的收获，却发现妈妈一动不动，仔细一看，妈妈身上还带着几道伤痕，正往外渗着鲜血。"妈妈！你怎么了？"小海一瞬间泪如泉涌，伸出前臂猛地晃动着丽莎，"妈妈！醒醒啊！我找到吃的了，快起来吃啊！"见妈妈没反应，小海哭得更加厉害了，一边流着泪一边舔舐丽莎的伤口。

天终于亮了，温暖的阳光洒向大地，丽莎睁开了双眼。小海立马凑过去抱住了丽莎的脖子，亲昵地蹭着。丽莎慢慢直起前身，舔了舔小海的脑袋，接着从身下推出一个黑色的塑料袋。一堆人类食物的残渣映入眼帘，小海立刻明白了妈妈身上那些伤痕的来历。他沉默了片刻，把塑料袋推了回去，想让妈妈先吃。见妈妈没有反应又转身将那具大老远拖回来的尸骨拖到丽莎面前，似乎在说："快吃吧，吃完还有呢！"他的双眼射出兴奋的光芒，激动地盯着

妈妈，等待着她的肯定和表扬。不料丽莎的脸色却一下子黯淡下来。

过了没一会儿，丽莎望着尸骨那紧闭的双眼呜咽起来，嘴里还念叨着一个名字——佩斯。她永远记得这位健壮勇猛的老朋友，还有她提议远行时那坚定的眼神，而丽莎以更加坚定的态度阻止了她，因为一路上充满未知、危险无比。她劝住了佩斯，却没想到结果并没有好到哪里去。

面对这突如其来的打击，丽莎一夜未眠。印象中，佩斯是个捕猎能手，总能以巧妙的手法捕到海豹。此外，她还格外勇猛，敢于和横行霸道的公熊一决高下，甚至不把人类放在眼里。如今，却暴尸荒野。想想最近一段时间以来的遭遇，再想想昨晚的惊险一幕，这个地方似乎真的不适合生存了。也许，离开是对的……

知识小链接

海象，即"海中的大象"，体长3～4米，体重可达1.5吨，属群居动物，夏季常聚集在海岸或冰层上晒太阳。它们皮下有约10厘米厚的脂肪层，对北极熊来说诱惑很大。但北极熊极少招惹它们，因为海象不仅体形庞大，还有两枚长而尖利的獠牙，非常可怕。

5

　　天还没亮，小海便感觉谁在推自己，睁眼一看，原来是妈妈。还没明白怎么回事，丽莎便转身走开了，小海揉揉惺忪的睡眼赶紧跟了上去。

　　他们沿着海岸线走了很久，终于在一群海象附近停了下来。此时太阳已经高高升起，海象们正慵懒地簇拥在一起晒太阳。

　　丽莎示意小海停下，深吸一口气，只身向海象群走去。随着她步步逼近，整个海象群立马进入警戒状态。只见他们挪动着胖胖的身体，紧紧靠在一起，把幼仔围在中间，一点点向海边退去。已经有一批海象跳进海里游走了，丽莎必须赶紧下手。

　　要猎杀一头跟自己体形相当的海象并非易事，于是她决定找幼仔下手。丽莎瞅准落在队伍最后的一只母海象便扑了上去，咬住她的脖子，并用前臂不断地拍打，想把她赶走。但事与愿违，母海象紧紧护住幼仔，一边甩动着身体一边继续向海里移动。明天他们就要离开了，在那之前必须储备足够的能量才行。丽莎不能放弃这最后的机会，仍死死地咬着海象。突然，本来围在最外圈的几只海象迅速挪过来，对丽莎展开围攻，有的用头顶、有的用前肢拍、有的用象牙扎，丽莎禁不住发出阵阵哀鸣。

　　小海在一旁急得团团转，却不知如何下手。正在这时，一只海象幼仔因为少了母海象的保护被闪到了最外面。小海二话没说就冲了上去，叼起小海象便往回跑，速度快到母海象们都来不及反应。趁她们望着孩子被叼走的方向发愣的工夫，丽莎狠狠地逃了出来。

　　母子俩好久没有这么痛快地吃过一顿美味了。其实，更多时候丽莎只是在装样子，她想让小海多吃一点，那样生存下去的几率才更大。看到饱餐之后的小海恢复精神，她欣然提议："明天我们就上路吧！"小海先是投来疑惑的目光，接着便用力点了点头。

　　其实，丽莎也不知道他们能否顺利找到下一个落脚点，但也别无选择了。这里的冬天来得一年比一年晚，时间也越来越短，留给他们捕猎的时间只有几个星期，再加上浮冰融化得厉害，海豹已经越来越难捕，那么短的时间根本就不够他们储备足够的脂肪过冬。母子俩的处境已经非常艰难，小天和佩斯的死就是证明。

6

　　耀眼的日光洒在一望无际的海洋上，已经连续游了几十公里的丽莎终于找到一块比较结实的浮冰，母子俩像遇到救命稻草般迫不及待地爬上去休息。

"妈妈，还有多远啊？"小海气喘吁吁地问。

"快了，就快到了。"丽莎回答的时候不敢看小海的眼睛。其实她也不知道还有多远，浮冰消融的速度超出她的想象，海岸线也退后了上百公里。这一切，都是全球变暖惹的祸。

"妈妈，我觉得好冷……"又接连游了近100公里之后，小海快要撑不住了，他有气无力地摆动着前臂，游行的速度越来越慢。这时，海面上渐渐起了风，使前行更加艰难。

"再坚持一下，我们很快就到了！"尽管丽莎自己也感觉到体温下降——这是体力消耗殆尽的征兆，她还是不断地鼓励小海，也鼓励自己。她相信，绝境之下强烈的求生意志可以创造奇迹。

突然，小海停下摆动的前臂，向海里沉去，他真的撑不住了。

"小海！"丽莎慌忙潜入水中，把他推出海面。

"妈妈，我真的游不动了，放开我吧……"

"妈妈说什么也要让你活下去！"丽莎几乎要哭出来，她一边夹着小海，一边迎着风拼力向前划。她不知道自己能坚持多久，但只要还有一点力气，她就不会放弃。

"小海！小海！快看，浮冰！"不远处，一块厚厚的浮冰映入眼帘，丽莎眼中重新燃起希望。她加速向前游去，一鼓作气把小海顶上了冰面，接着抓住浮冰的边缘想爬上去，却听"咔嚓"一声，丽莎一下子随断裂的一小块浮冰陷下去，呛了一口海水。天哪！这块浮冰并不能同时承受母子俩的重量！小海也随着海冰的晃动再次滑下海。

"小海！快爬上去！"丽莎一边说着一边推他。

"不！"小海似乎已经知道了妈妈的用意，拼命地摇着头。

"只要你好好活下去，这场冒险就值得了。"丽莎饱含爱意地拍了拍小海，似乎在做最后的告别。

"我已经失去哥哥了，不能再失去妈妈！"泪水模糊了小海的视线。他话还没出口就感觉自己被用力顶上了冰面，回头却没看到妈妈的身影，只剩一句话在耳边回荡："坚强地活下去，我们一直在你身边……"

"妈妈——妈妈——"小海朝着海面歇斯底里地呼喊着，回应他的，除了呼呼的风声，什么都没有。他终于耗尽了力气。突然，一阵强烈的海风席卷而来，把载着小海的浮冰推向未知……

仔细阅读本章，你就能回答出以下问题：

戈登赛特犬一般都是黑色的，为什么比姆是白色的？

比姆的名字怎么会变成黑耳朵？

狗怎样确定另一只狗的性别？

看狗的耳朵，可以知道它想说什么，对不对？

与动物和谐相处

比姆是林老驯养的一只狗，对主人充满感情。有一天，主人不见了，比姆开始了漫长曲折的寻找主人之路。当它死了，人们才意识到失去了一个珍贵的朋友。在更广阔的自然界，我们还有更多的野生动物朋友。可是，站在食物链顶端的人类，正不断威胁他们的生存，使它们的身影逐渐消失在地球上。

黑耳朵
BLACK
DOG

● 果奶格格

　　像一片叶子在日光中伸展，像一朵云从湖水的一头踱到另一头，当树林里的叶子从绿变黄，并且像毯子一般铺了满满一地时，比姆就该五岁了……它的主人林老从橡树下捡起一枚榛子时，不禁想到。

　　比姆是一只优秀的塞特犬，聪明机敏，很小就能根据林老的语调和口气分辨他心情如何，林老喜欢叫它"小傻瓜"或者"孩子"，比姆自动把这两个称呼列为亲密的语气，会高兴地蹭上去。只是可惜，比姆虽为纯种名贵猎犬，可是却永远不能获得种族证书——它是白化品种。

　　按照猎犬的标准规定，戈登赛特犬的皮毛必须是黑色的。黑中透蓝，色泽像乌鸦翅膀，而且必须有轮廓分明、色彩鲜艳的火红色斑点。如果在标准规定以外的地方有白色斑点，就算是大缺陷了。

比姆很不幸，它生下来就是这样的：身上的大部分皮毛是白色的（退化的表现），还带有浅棕色的大斑点和隐约可见的棕色小斑点。只有一只耳朵和一条腿是黑色的，另一只耳朵是较浅的棕黄色。它有一对深褐色的聪慧的大眼睛，下面布满着小斑点。当初就是因为这一点，它差点被主人从狗窝里扔出去溺死！可是，林老听说了这件事后，便求狗主人把这只被判了死刑的小狗送给他。后来，他们成了彼此的朋友、生活的伴侣。

林老和比姆有一套语言，比如林老最常说的"不许动"，一听到这三个字，比姆就会趴下来，一动都不动。林老只要一叫"比姆"，它就会走过来，把鼻子放到主人暖和的手心里。林老说"去吧去吧"，它就可以去玩耍了；"回来"和"卧下"的指令很清楚；"UP"就是跳起来；"找吧"就是找块藏起来的骨头；"靠边"就是在主人旁边走，但只能在左边……

比姆也喜欢和其他小狗交流，喜欢嗅彼此的屁股。有一次，比姆就在草地上遇见一只黑色的卷毛小狗，比姆凑上去问：你是谁？公的还是母的？对面的小黑母狗回答：你自己都看见了，还有什么可问的？这是一次再普通不过的相遇，谁知道却为后来的相见埋下了伏笔。

> 狗的第二性征不明显，所以它们见面时相互闻屁股是想从分泌物上确认性别。还有个功能是确认对方是否在发情期。

这天早上，林老套好比姆的项圈，正打算带它去散步时，院子里来了一位陌生男人。

"听说您有一只狗，"陌生人开始说，"有人到我这里来告状了，您瞧。"他说着，从口袋里掏出一张纸递给林老。

林老一边读一边生气，"这简直是胡说！比姆是一只温顺的狗，从来没有咬过人，也不会去咬人，它是一只有教养的狗！"

陌生人说："我们还是让上告的人来谈谈吧。"不一会儿他就领来了一个胖胖的大婶，她用尖细的嗓子喊："它想咬人！咬人……差点就咬了！"

　　林老打断了她连珠炮似的话，"比姆，把拖鞋给我拿来。"

　　比姆叼来了拖鞋，并且等到林老脱下了皮鞋，它又叼走了皮鞋……

　　那个陌生男人看得鼓起掌来，直叫："做得好，做得好，聪明的狗！"他又转过头去恶狠狠地对女人说："它根本就不会咬你的！这么聪明的狗……你在诬陷它！"

　　风波暂时平息了，可是这不过是为后来的磨难拉开的小小序幕。

　　这一天，林老与比姆散步回到家中，觉得有些疲倦，连晚饭也没吃就睡下了。在接下来的几天里，比姆发现主人白天也越来越长时间地躺着，而且经常痛得直哼哼。有一次，比姆蹲到主人床边，听见主人用微弱的声音说："我不舒服，比姆，我不行了……弹片……"

　　比姆用爪子抓开门，一直用吠声喊来了邻居家的老奶奶。老奶奶一听到林老提到"弹片"两个字，便迈着老人特有的碎步跑了出去。不一会儿，比姆听到过道里传来说话声，接下来，老奶奶带着三位医生走了进来。比姆闻到他们身上的气味与常人不同，倒是与墙上挂着的箱子的气味一样。这口箱子是只有当林老说"我不舒服"时才会被打开的。

　　其中两位大夫向林老床前走去，比姆野兽一般扑了过去，用尽全身力气汪汪叫了起来。林老微微侧过身子，抚摩着比姆的头，比姆凑过去舔他的脖子、脸和双手……然后林老抬起头，对邻居老奶奶说："麻烦你，帮我照顾一下比姆行吗？早上放出去，它自己很快就会回来。它会等我的。"然后他又转而对比姆说："等着，等着吧。"

　　比姆懂得"等着"这个词的意思，它遵从了，蹲下来，摆了摆尾巴。当医生将林老抬到担架上，送上急救车时，比姆将一只爪子搁在担架上，林老握了握它。

　　"等着，孩子，等着。"他说。

林老家的门锁"咔嚓"一声锁上了。比姆将两只前爪伸出去，脑袋歪向一边，枕在地上。很多狗都用这种姿势等人，现在，等待就是比姆生命的全部意义……第一个夜晚在月亮的照耀和冷风的吹拂下度过了，比姆没有动，甚至连隔壁老奶奶给它的饭盆里盛粥时它都没有站起来。老奶奶叹了口气，说，"你可真是叫人无法理解，还是出去遛遛吧。"比姆抬起头，仔细地端详了她一番，"遛遛"这个词意味着自由，可是主人不在，它也可以自由吗？

　　老奶奶又说："既然你不想喝粥，就去找点其他东西吃吧。找吧，找去吧。"找去？找什么？一个念头像突然膨胀的气泡那样升腾起来，继而，比姆的眼睛、尾巴和两只前爪全都按照这个念头执行了动作，它冲出去，闪电般蹿进了院子里。林老的担架曾经在这里被安置过，比姆兜了一圈，顺着味道的踪迹前进，不一会就来到了大街上。比姆跑过一条街又一条街，寻找主人的裤子。

　　狗总是把自己的注意力（和记忆力）主要集中到人的下装上，它们的这种习惯是从狼那里继承下来的——狼是狗的祖先，这是几千年来大自然赋予的能力。

　　不过，它失望了……在这一天里，比姆遇见过给它喂糖吃的男人（不过它没有吃），拿石块打它的孩子，一见到它就尖叫起来的女人，甚至还有像抬走林老一样穿白大褂的医生（不过它一嗅那味道就知道他不是昨天那几位医生中的任何一个），却唯独没有见到主人。

　　狗的嗅觉要比人灵敏200倍。狗的鼻道长而大，能辨别空气中多种微细气味，有的狗甚至能嗅出精密仪器也不能测出的细微气味。狗的听觉也非常灵敏，比人的听觉灵敏度要高16倍，可听出主人的脚步声，甚至还能听到人们没有觉察的声音。狗虽有灵敏的嗅觉，但它的嗅觉记忆却较差，一般只能保持6周左右。狗的记忆力特强，对曾和它密切接触过的人似乎是终身不忘，对居住过的地方也长期不会忘却。

在昏暗的天色里，人们看到一只愁容满面的狗在满城奔跑……

后来的每一天都是这样度过的。这些日子里，比姆已在不知不觉中对全城做了系统的考察，现在它走的每一条路线都是预先拟定好的。已经有几个每天都能看见比姆的人用自己的方式向他打着招呼。比如那个身着蓝色工装的青年工人每天早上都会叫它一声"黑耳朵，你好啊！"并把一包准备好的食物放到它跟前。还有一个在铁轨上砸铆钉的女人，比姆因为喜欢她，总是破例吃她给的食物，可即使如此，它还是累病了……

比姆顺着铁轨一路小跑，在快到靠近城市的地方时，一条铁轨分成了两股，又有两根连绵不断的铁带子从旁边伸延开去，眨眼又变成了三股。比姆想不明白这是为什么，它还

以为自己眼花了呢。不过，在离铁带子不远的地方突然又有两盏红灯轮流亮了起来：左边，右边，左边，右边，不停地换来换去。红颜色是所有野兽都很忌讳的，比如说狼，只要一见到红色就软了；狐狸呢，被红旗包围以后，在两三个昼夜或更多的时间里它都不会突围出去。比姆决定绕过这一双神气活现、火红火红的大眼。它走到第三条铁轨线上，停下来凝望那不断眨巴着的红光，还在犹豫是否往前走。就在这个时候，比姆突然间只听得脚下"咔嚓"一声响……

一阵钻心的疼痛，它顿时嚎叫了起来，可爪子无论如何也没法从铁轨中拔出来：爪子掉到道岔口上夹得紧紧的夹具里。四下没有一个人……由于疼痛和恐惧，比姆缩成了一团。这时，一个有着明亮大眼、轰隆作响的庞然大物在离它三十步开外的地方停了下来，而且它能看见一个人正从暗处跳出来，跑向比姆。接着，又出现了第二个人。

"你这是怎么搞的？"第一个人问比姆。

"怎么办呢？"第二个人问第一个人。他想了一会儿，就向岗棚走去。

从他们身上散发出来的气味几乎和司机身上的一模一样。

比姆听见岗棚里响起了一阵刺耳的铃声，过一会儿夹具就松开了它的爪子。但比姆还动弹不得，它全身都麻木了。于是有一个人把比姆抱起来，把它送到铁路线的那一边。到了那里，比姆像陀螺般的在原地旋转起来，一边还用舌头舔轧扁了的爪趾。可同时它又听见了从火车的车窗和车门里传出来的说话声。它只看见有一列火车从黑暗中向一侧急驶过去，各式各样的声音都在重复"狗"和"猎狗"几个词。比姆用三条腿蹦了蹦，它现在已经是疲惫不堪，一条腿还被轧伤了。它不时地停下来舔那只伤爪上已经失去知觉和红肿起来的爪趾，上面的血已经慢慢地凝住了，但它还是舔呀，舔呀，直到把每个模糊不清的足趾都舔干净为止。这样做是很疼的，但又别无他法。一直到了后半夜，比姆才一跛一跛地回到自家门口。没有！还是没有发现林老的任何痕迹。比姆就这样伫立了许久，仿佛是用头颅支撑着那虚弱的身躯一样。后来它走到老奶奶门前，短促而绝望地大叫了一声——

"汪！"（我在这里）

"哎呀，你在哪里弄成了这个样子啊？"老奶奶把门打开，把比姆放了进去，自己也一同进了屋。"你呀，现在我们该怎么办？林老会说些什么呢？"

林老？比姆抬起头来，目不转睛地望着老奶奶，显然是在发问："林老？在哪里？"

"你等等，我这就回来。"老奶奶急急忙忙地走出门去，马上拿了一封信回来，把它送到比姆的鼻子跟前："你看这是什么？林老写信来了。"

比姆此刻不禁全身颤抖起来。它把鼻子扎进信封里，然后又嗅了嗅四围：是呀，正是林老用手指在信封上蹭过来着……老奶奶从地板上把信拾起，从里面掏出信纸，比姆用力地站了起来，把身子向她探过去；老奶奶又从信封里掏出一张空白纸，把它放到比姆跟前。它摆了摆尾巴：空白纸上充满着林老的手指气味，是的，这是他有意用手指蹭过的。

"这是寄给你的。"老奶奶说。"他是这样写的：把这张空白纸给比姆吧。"她凑过来，指着那张空白纸一遍又一遍地说："林老……林老……"比姆突然软弱无力地倒在地板上，挺直了身子，把头枕在纸上。泪水从它眼里扑簌簌地流下来。

比姆又从老奶奶那里得知，林老曾在抗日战争时受过伤，胸口被嵌入一块弹片，因当时医疗条件无法将其取出，遗留至今成为病根。现在是被送去北京看病了。比姆放下心来，这才想起自己有多累，于是便躺下睡着了。比姆是在腿部的剧痛中醒过来的，它忍着痛又嗅了

嗅那张纸。主人的气味已经变得越来越淡薄，不过这已经是次要的了，重要的是他还在世上，在某个地方待着，应该出去找他！于是，比姆拖着它瘸掉的一条腿，再次上路了。

这一次，比姆是沿着电车路线跑的。它在靠近车站的地方停下来，趁公共汽车靠站，人们向门里拥去时，比姆也挤在最后边。

"你这是上哪儿？"司机嚷嚷起来。突然间他又看了比姆一眼，然后慢声说道："等一等，我们好像见过面。"

比姆一下子就看清了，这个司机开的车，林老曾带它一起坐过，于是摆了摆尾巴。

"看来你也记得！"司机高声叫道。随后他考虑了片刻，把比姆叫到驾驶室里："上我这儿来。"比姆紧挨着他坐下，免得妨碍司机开车。它坐在那里，心情格外激动：正是这位司机有一次曾经把它和林老送到林子里去打猎。汽车走了一程又一程。当来到比姆经常和林老下车进树林的那个站时，它一个劲儿地抓门，哼哼着，想要出去。

"坐好！"司机狠狠地喝了一声。比姆只好服从。

一个乘客来到司机跟前，指着比姆问道："这是你的狗吗？"

"我的，很聪明！卧下！"

随着司机的命令，比姆卧下了。

"这条狗你卖吗？我的那只死了。"

"卖。"

"卖多少钱？"

"给我三百块钱吧。"

"哎哟！"乘客感叹一声，显然是觉得贵。它拍了拍比姆的耳朵便走开了，一边走还一边说："真是一只好狗，一只好狗。"

比姆可喜欢听人夸奖他了，而且这也是主人常说的话。于是它向乘客摆了摆尾巴。然后便专注地透过驾驶室的挡风玻璃开始记路。所有的狗每走到一个新地方时都是这样——任何时候都需要记住回程路。

那位乘客就要下车了，比姆两眼转也不转地望着他。

"你看，"司机指了指比姆，"它舍不得你呢。"

乘客于是笑着把钱掏给了司机，解下自己的腰带系在比姆的颈套上，说："好吧，咱们走。"他下车走了几步又转过身来问："它叫什么名字来着？"

司机用询问的目光先看了一眼比姆，又看了一眼买主，然后满有把握地回答："黑耳朵。"比姆知道这是一个骗局，可它的新主人一眼看去就是好人，所以它便跟他走了。

这是一个小小的农家院，有飞不起来的鸟——鸡，有吃草却挤出白色水的动物——羊，还有跑跳的孩子，也有大盆大盆的肉，但比姆就是开心不起来，因为它要时刻被栓在院子里。直到有一天，买下它的那个人将绳子解开，牵到台阶上，他的儿子站在那里，身旁还有一群羊。然后，他们就像一支奇怪的队伍那样向前走去了。比姆很快就明白了，它被带出来的职责是辅助两人放羊，保证一只羊都不走散。它做得很不

错，男孩连连赞叹："黑耳朵真棒！"

不过，即使这样，比姆也没有放弃寻找林老。在一个初冬的早晨，它在鸡叫过三遍后低着头向公路方向，向它最初来的那条路走去。当放羊的孩子发现比姆不见了后，便一次又一次来到屋外的台阶上，等待、呼唤，最后他终于在狗窝旁呜呜地哭起来。而此时，比姆正到处寻找吃的。它抓到一只鸟，饿得连嘴都吃掉了，又吃了半干枯的野蒜的茎，它含有千分之二的碘酒，还可以治疗伤口呢。就这样它找到什么吃什么，到了第二天夜晚时，它来到了曾经和林老一起打过猎的那片森林，而远处隐约传来狼嗥。比姆还记得，这是森林里唯一幸存的狼，它狡猾而残忍，致使比姆颈上的鬃毛都竖立起来，深深呼吸，准备迎击。突然，喜鹊在树枝间喳喳叫，"来啦，它来啦！"这是一种警告，比姆在一棵老橡树旁停下脚步，而母狼已经来到森林边缘，与它面对面地站着。

母狼紧跑了几步，但由于它的一条腿曾被人打伤过，因此没有扑准。比姆跳到一旁，母狼转过身来，又一次向它冲过来。但比姆灵巧地绕到橡树后面，它的背部触到一个树洞。赶在母狼扑过来时，它一下子钻进了树洞，露出牙齿，拼命咆哮。声音在森林里回荡着，它在呼唤着两个谁都能听懂的字："救命！救命！"这绝望的叫声让护林人拿起猎枪，装进霰弹，走向森林深处。突然，叫声停止了。

母狼为了使比姆不再吠叫便离开了树洞，因为它知道，狗这样不住地叫，一定会有持枪的猎人出现。由于母狼不再扑过来，比姆真的不叫了。过了一会儿，母狼逐渐移近，坐下，两眼直盯着比姆。不知过了多久，母狼忽地用鼻子嗅了嗅四周，猛转身离开树洞……她已经闻到了人的气味。

比姆从树洞里爬出来，一阵头晕，只得又坐了下来。它又一次卧下休息了一阵，已经能站起来了，现在只有一个选择：向前走，拼着所有气力，向前走。比姆沿着约有一公里长的大陡坡久久地、吃力地向上爬着，最后，它爬上了坡顶，在停过汽车的地方站了下来，环视了一下四周，完全准确地走上了它该走的路——回家的路。

拂晓前的天灰蒙蒙的，比姆终于来到了自己的家！看，那是它家的窗户。现在，林老会不会出现在那窗前？它横穿过街道，但是，它突然看到那个曾诬陷它咬人的大婶从这座楼的拱形门里出来了，并且，她很显然也看见了它！比姆坐到地上，由于受到惊吓瞪大了双眼，全身都在发抖。一辆闷罐车突然在大婶和比姆中间停住了，从里边出来两个人，径直走来。

"谁家的狗？"一个有胡子的人指着比姆问。

"我的。"大婶毫不迟疑地傲气十足地答道。"它逢人便咬，是疯狗。"

"捆上，"有胡子的人说，"把它弄走！"

他从闷罐车上取下一根长杆子，杆子头上是一个圆环和捕网。比姆闻到他的身上有狗味儿，便摆摆尾巴。但突然，闷罐车里有一只狗在苦苦哀叫，比姆一切都明白了：这是骗局！它想向旁边蹿，但已经晚了，它已被网子扣住了。比姆向上跳了跳，便落到网里……捕狗人把网子伸到闷罐车的门内，只一抖，便把比姆掀到车里。门"砰"的一声关上了。

比姆没听到铁闷罐车怎么开进院子的，也没听到那两个人走出驾驶室到什么地方去了：它还没恢复知觉。过了两三个钟头，比姆醒过来了。它身旁坐着一只黑色卷毛狗，不久之前，它们曾见过面。这时它正在舔比姆的鼻子和耳朵……

一线微弱的阳光透过细细的门缝照射在比姆身上。它的胸口痛得厉害，站起来，晃晃悠悠地走过去，把鼻子靠近那细小的缝隙，吸吮着自由的空气。比姆开始跌跌撞撞地在囚车内从这个角落走到那个角落。它来回地走着，爪子蹭得铁皮吱吱作响，后来它开始抓门。这是一扇钉着铁皮的门，上边有些地方已经破了，边缘十分尖利。但这无论如何也是惟一的一扇门……

夜来临了，寒冷的夜。小卷毛哀嚎起来，比姆却在挠门。它用牙齿啃着铁片，然后又抓挠起来，这时已是卧着挠了。它嚎叫着，哀求着。天快亮时，囚车内静下来了……

几天后，林老回到了这座城市，他变得瘦多了，皱纹增加了，因为刚做完心脏手术，所以有些虚弱。他听邻居说了比姆的事，正在到处寻找它。这一次，他来到检疫站，也许比姆被当成疯狗给抓进去了呢？在工作人员问明白他的来意后，带他打开了油罐车的门。

林老倒退了一步，呆若木鸡……比姆脸冲车门趴着，嘴唇和牙床被铁皮的破边剌豁了，两只前爪上满是血痕。它已经死了。小卷毛躲在角落里叫起来。

林老把手放到比姆的头上，一阵稀疏的小雪飘下来。两片雪花落在比姆的鼻子上，一直没有融化。他请求工作人员把比姆拉到那片他们曾一起打过猎的森林里去，没有人反对。三个人一起把比姆埋葬了。比姆的坟头上摆着五枚榛子，那是比姆活着的话应该有的年龄……

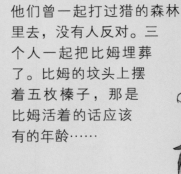

狗妈妈的一个小狗崽将死时，狗妈妈便舔它的鼻子和耳朵，还按摩它的肚子。有时小狗真的会活过来。在狗看来，按摩还是照顾刚刚生下来的小狗所必不可少的一个措施。

狗的耳朵会说话

　　每只狗都可以轻松控制自己耳朵的形态和姿势，这是它们赖以生存的交流本领，因为它们无法像人类一样进行语言沟通。从某种意义上说，狗的耳朵是能够说话的。当然，狗耳朵的语言是要配合身体其他部位的状态来表现的。最容易理解和判断耳朵语言的是直立的耳朵，让我们从直立耳开始了解这种奇妙的语言吧。

耳朵直立：这是很漂亮的姿势，含义却不尽相同。

语言1：怎么了？——它被周围新的声音或现象吸引，聚精会神地观察。

表现形态：耳朵直立，或者稍微向前倾。

语言2：真有趣！——观察的同时，还在享受新的刺激。

表现形态：耳朵直立前倾，头部倾斜或放松，嘴巴微张。

语言3：什么？——对新事物表示疑问。

表现形态：合上嘴巴，眼睛半闭，尾巴可能还会低垂并轻微摆动。

语言4：我准备开战，你考虑一下。——发布进攻的威胁信号。

表现形态：皱起鼻子，露出牙齿。

耳朵后贴：看上去以为是屈服了，实际上却不一定。

语言5：我喜欢你，你很强大。——希望和平，表示屈从。

表现形态：面部表情平和，耳朵向后平贴头顶。

语言6：我没有威胁，别伤害我。——明显的甘拜下风。

表现形态：耳朵后贴的同时，后躯放低，尾巴大幅度摆动。

语言7：嘿，我在这儿，我们一起玩玩吧！——友好的邀请。

表现形态：张开嘴巴，眨动眼睛，高耸尾巴，也许还有时断时续的吠叫。

语言8：我害怕，别再威胁我，否则我要反击。——恐慌，焦躁不安。

表现形态：暴露牙齿。

耳朵后拉：狗也需要判断。

语言9：我不喜欢这儿，撤退还是进攻？这是由不安、怀疑向进攻或逃跑过渡的动作。

表现形态：耳朵轻轻后拉的同时，有一个轻微向两旁展开的动作。

耳朵颤动：狗也有判断不清的时候。

语言10：我只是四处走走，不要对我有敌意。——举棋不定，更加恐惧和屈从，而且希望和平的愿望更强烈一些。

表现形态：耳朵不停颤动，通常先向前伸，片刻向后向下伸。

图书在版编目（CIP）数据

动物传奇 / 少儿期刊中心科普编辑部编.
-- 青岛 :青岛出版社, 2016.1
ISBN 978-7-5552-3426-5

Ⅰ.①动… Ⅱ.①少… Ⅲ.①动物—少儿读物
Ⅳ.①Q95-49

中国版本图书馆CIP数据核字(2016)第018205号

书　　　名	动物传奇
编　　　者	少儿期刊中心科普编辑部
出 版 发 行	青岛出版社
社　　　址	青岛市海尔路182号（266061）
本 社 网 址	http://www.qdpub.com
邮 购 电 话	0532－68068738
策　　　划	连建军 黄东明
责 任 编 辑	宋华丽
装 帧 设 计	王　珺
印　　　刷	青岛国彩印刷有限公司
出 版 日 期	2018年4月第1版 2019年5月第2次印刷
开　　　本	16开（850mm×1092mm）
印　　　张	4.5
字　　　数	60千
书　　　号	ISBN 978-7-5552-3426-5
定　　　价	25.80元

编校质量、盗版监督服务电话　400－653－2017　（0532)68068638